ifaa-Edition

Weitere Bände in dieser Reihe
http://www.springer.com/series/13343

Die ifaa-Taschenbuchreihe behandelt Themen der Arbeitswissenschaft und Betriebsorganisation mit hoher Aktualität und betrieblicher Relevanz. Sie präsentiert praxisgerechte Handlungshilfen, Tools sowie richtungsweisende Studien, gerade auch für kleine und mittelständische Unternehmen. Die ifaa-Bücher richten sich an Fach- und Führungskräfte in Unternehmen, Arbeitgeberverbände der Metall- und Elektroindustrie und Wissenschaftler.

ifaa – Institut für angewandte Arbeitswissenschaft e. V.
Hrsg.

Abläufe verbessern - Betriebserfolg garantieren

Hrsg.
ifaa – Institut für angewandte Arbeitswissenschaft e. V.
Düsseldorf
Deutschland

Ergänzendes Material finden Sie auf springer.com/978-3-662-57695-3

ISSN 2364-6896 ISSN 2364-690X (electronic)
ifaa-Edition
ISBN 978-3-662-57694-6 ISBN 978-3-662-57695-3 (eBook)
https://doi.org/10.1007/978-3-662-57695-3

Die Deutsche Nationalbibliothek verzeichnet diese Publikation in der Deutschen Nationalbibliografie; detaillierte bibliografische Daten sind im Internet über http://dnb.d-nb.de abrufbar.

Springer Vieweg

Springer Vieweg ist ein Imprint der eingetragenen Gesellschaft Springer-Verlag GmbH, DE und ist ein Teil von Springer Nature.
Die Anschrift der Gesellschaft ist: Heidelberger Platz 3, 14197 Berlin, Germany

Vorwort zur 2. Auflage

Digitalisierung und Industrie 4.0 sind seit der Hannover Messe des Jahres 2011 ein beherrschendes Thema für die Produktion. Dies darf uns jedoch nicht von bekannten „konventionellen" Gestaltungsaufgaben ablenken, die in vielen Unternehmen und Organisationen noch umfangreiche unerschlossene Potenziale bieten. Ohne klar definierte, standardisierte, robuste und verschwendungsfreie Prozesse können die Vorteile von Digitalisierung und Automatisierung nicht erfolgreich genutzt werden.

Die Arbeit an den Prozessen und deren kontinuierliche Entwicklung und Verbesserung bleibt somit von unverändert hoher Bedeutung. Prozessoptimierung im eigenen oder in klar abgegrenzten Bereichen ist dabei nur eine Facette, die in vielen Unternehmen immer stärker etabliert und besser beherrscht wird. Schnell stoßen die Akteure dabei jedoch an Grenzen, Vorgaben und Hemmnisse, deren Ursprung und Hintergründe vielfach nicht bekannt, erkennbar, aktuell oder im Sinne der gesamten Unternehmung optimiert sind.

Die Optimierung komplexer Prozesse mit vielen innerbetrieblichen Schnittstellen bleibt eine Herausforderung, deren Lösung in der Regel weniger technische Unterstützung, sondern vielmehr strukturierte methodische Kommunikation und Zusammenarbeit erfordert.

Der vorliegende Leitfaden unterstützt Verbesserungsverantwortliche in diesem Sinne. Er stellt definierte Arbeitsschritte, Leitfragen und Werkzeuge zur Verfügung. Diese sind vor allem für die bereichsübergreifende Prozessverbesserung in Teams geeignet, ermöglichen jedoch auch Einzelnen oder bereichsinternen Teams eine schnelle Strukturierung und Lösung von Verbesserungsaufgaben.

Direktor des ifaa – Instituts für angewandte Arbeitswissenschaft e. V.

Prof. Dr.-Ing. Sascha Stowasser

Inhaltsverzeichnis

Über dieses Buch

Inhalt und Gestaltung dieses Leitfadens sind im Verlauf zahlloser Gespräche, Diskussionen, Erfahrungsaustausche und Erprobungen gereift. Viele Vertreter von Unternehmen und Arbeitgeberverbänden der Metall- und Elektroindustrie sowie Mitarbeiter des ifaa haben hierzu kompetent, offen, engagiert, konstruktiv, hilfsbereit und geduldig beigetragen. Ihnen allen danke ich herzlich.

Seit der ersten Auflage im Jahre 2008 haben sich die Praxistauglichkeit der im Leitfaden beschriebenen Vorgehensweise und der im Begleitmaterial bereit gestellten Werkzeuge sowie der Mehrwert für die Anwender in zahlreichen betrieblichen Umsetzungen und überbetrieblichen Firmenzirkeln bestätigt. In Kap. 5 der zweiten Auflage sind entsprechende Ergebnisse einer umfangreichen Anwenderbefragung dargestellt.

Für die Unterstützung bei der Umsetzung von Text, Abbildungen und Werkzeugen danke ich Frau Blinn, Frau Bobbert, Frau Faber, Frau Schünke, Frau Würfels und Herrn Henngeriff.

Dr.-Ing. Frank Lennings

Autorenverzeichnis

Frank Lennings, Dr.-Ing. ifaa – Institut für angewandte Arbeitswissenschaft e. V., Düsseldorf, Deutschland, f.lennings@ifaa-mail.de

Holger Bart F. W. Brökelmann Aluminiumwerk GmbH & Co. KG, Ense, Deutschland, holger.bart@broekelmann.com

Harald Nübel Infineon Technologies Bipolar GmbH & Co. KG, Warstein, Deutschland, Harald.Nuebel@infineon-bip.com

Otmar Wette Infineon Technologies AG, Warstein, Deutschland, Otmar.Wette@infineon.com

Abbildungsverzeichnis

1 Einleitung

Frank Lennings

Eine Grundvoraussetzung für die Sicherung und den Ausbau des Industriesektors in Deutschland ist die permanente Erhöhung der Produktivität in den Produktions- und Arbeitssystemen des gesamten Unternehmens. Das kontinuierliche Erkennen, Vermeiden und Reduzieren von Verschwendung und Produktivitätshemmnissen in allen Unternehmensbereichen – also die kontinuierliche Verbesserung KVP – ist demnach eine Aufgabe aller Führungskräfte und Mitarbeiter. Viele Unternehmen etablieren dazu „Ganzheitliche Produktionssysteme“ oder „Lean Management“ und orientieren sich dabei an den Prinzipien des Toyota-Produktionssystems. Zu dessen wesentlichen Grundlagen zählen unter anderem die Definition, die Verbreitung und konsequente Einhaltung sowie die kontinuierliche Weiterentwicklung und Verbesserung von Standards für alle betrieblichen Abläufe.

Problemstellung

Die kontinuierliche Suche nach Verbesserungsmöglichkeiten auf allen betrieblichen Handlungsebenen hat das Ziel, robuste und stabile Prozesse und Abläufe zu schaffen, die Effektivität und Effizienz zu steigern sowie unnötige Belastungen der Mitarbeiter zu vermeiden. Mangelnde Prozessstabilität führt dazu, dass Unternehmensziele und Vorgaben ggf. dauerhaft oder regelmäßig immer wieder nicht erfüllt werden können, also beispielsweise

- Qualitäts- und Produktivitätsziele mit „normalem“ Aufwand nicht erreicht werden können,
- Produkte oder Teilerzeugnisse reklamiert und nachgearbeitet oder verschrottet werden,
- Ergebnisse administrativer Prozesse (z. B. Rechnungen, Dokumentationen, Produktzeugnisse, -bescheinigungen, Angebote, Auftragsbestätigungen, …) verspätet oder fehlerhaft sind und zusätzlichen Aufwand verursachen,
- Durchlaufzeiten und Liefertermine nicht eingehalten werden oder kalkulierte Kosten und Budgets überschritten werden.

Solche und andere „Abweichungen“ sind besonders offensichtliche Hinweise auf Verschwendung und akuten Verbesserungsbedarf in Abläufen und Prozessen. Um die damit verbundenen Potenziale zu erschließen, muss die kontinuierliche Verbesserung in den betrieblichen Strukturen fest verankert sowie als Kernaufgabe aller Führungskräfte und Mitarbeiter verstanden und von ihnen täglich vor Ort intensiv vorangetrieben werden. Ursachen für Abweichungen vom Standard müssen analysiert, gezielte Maßnahmen dagegen erarbeitet und als neue Arbeits- und Prozessstandards auf Alltagstauglichkeit erprobt, sowie nachhaltig umgesetzt und ständig weiterentwickelt werden.

Lösungsansatz

Der vorliegende Leitfaden unterstützt die Verbesserungsarbeit auch bei komplexen und bereichsübergreifenden Abläufen. Er ist vor allem darauf ausgerichtet, Abweichungen, deren Ursachen nicht genau bekannt sind, nachhaltig zu beseitigen. Die dazu angebotene Vorgehensweise mit klaren Arbeitsschritten und zugeordneten Werkzeugen ist prinzipiell für alle Abläufe mit messbaren Ergebnissen und definierten Zielen geeignet, egal ob in der Produktion, Dienstleistungserbringung, Planung, Entwicklung oder Administration. Das Vorgehen unterstützt unter anderem dabei, Anforderungen, die an bereichsübergreifenden Schnittstellen aufeinandertreffen, transparent und verständlich zu machen sowie objektiv abzustimmen. Dies hilft, den Verbesserungsprozess strukturiert und faktenbasiert voranzutreiben.

Insbesondere bei komplexen bereichsübergreifenden Abläufen ist dafür die Unterstützung eines Verbesserungsteams mit Experten aus allen beteiligten Bereichen erforderlich. In anderen Fällen können Führungskräfte und Verbesserungsverantwortliche ggf. auch nur ausgewählte Arbeitsschritte umsetzen und dabei allein oder in kleinem Kreis arbeiten.

F. Lennings (✉)
ifaa – Institut für angewandte Arbeitswissenschaft e. V., Düsseldorf, Deutschland
e-mail: f.lennings@ifaa-mail.de

ifaa – Institut für angewandte Arbeitswissenschaft e. V. (Hrsg.), *Abläufe verbessern - Betriebserfolg garantieren*, ifaa-Edition,
https://doi.org/10.1007/978-3-662-57695-3_1

Das angebotene Vorgehen zur Abweichungsbeseitigung mit den vier Schritten

- Verbesserung planen und vereinbaren,
- Fakten und Daten erfassen,
- Ursachen für die Abweichung erkennen,
- Ursachen entkräften und Erfolg kontrollieren

ist nicht neu und erhebt bewusst auch nicht den Anspruch der Neuartigkeit. Es berücksichtigt vielmehr die Gemeinsamkeiten bekannter sowie bewährter Methoden und Vorgehensweisen wie

- dem PDCA-Zyklus,
- der RADAR-Logik der EFQM,
- dem DMAIC-Methode aus Six Sigma,
- dem 8D-Report,
- der REFA-Planungssystematik

und anderer Methoden.

Diese Methoden und Vorgehensweisen folgen einem gemeinsamen „roten Faden", der auch das „Rückgrat" psychologischer Modelle menschlicher Problemlösetechniken bildet und eigentlich in all unseren Köpfen präsent ist. Den genannten Methoden ist ein in sich geschlossener Ablauf gemein, der eine Planungs-, eine Ausführungs- und eine Kontrollphase umfasst.

Ob Abweichungen erfolgreich beseitigt werden, hängt in den meisten Fällen weniger davon ab, welche Methode dazu genutzt wird oder ob diese besonders neu und „modern" ist, sondern vielmehr davon, ob sie konsequent von allen Beteiligten angewendet und auftretende Hindernisse gemeinsam und entschlossen überwunden werden. Hindernisse, die zum Scheitern von Verbesserungsaktivitäten führen, können in der Regel zurückgeführt werden auf einen Mangel an

- Zeit und Kapazitäten/Ressourcen,
- Methodenwissen und Systematik,
- Vertrauen und Transparenz sowie daraus resultierende Verlustängste oder
- Kooperation.

Der Leitfaden hilft, diese und andere Hindernisse im Betriebsalltag leichter zu überwinden. Er bietet dazu eine wirkungsvolle Grundausstattung, die ohne weitere „technische Voraussetzungen" oder Qualifizierungsmaßnahmen sofort den Einstieg in die nachhaltige Beseitigung von Abweichungen ermöglicht. Direkt nutzbare Werkzeuge als begleitendes Downloadmaterial unterstützen zielgerichtet bei den einzelnen Arbeitsschritten und der Erstellung einer Dokumentation der Verbesserungsaktivitäten.

Anwendungsmöglichkeiten
Der Leitfaden ist in verschiedenen betrieblichen Situationen nutzbar, unter anderem zur

- Umsetzung von Unternehmensvision, -strategie und -zielen durch aufeinander abgestimmte Aktivitäten mit breiter Wirkung, in den verschiedensten Ebenen und Bereichen des Unternehmens,
- gezielten Beseitigung einzelner besonders störender Abweichungen in allen Unternehmensbereichen,
- Vertiefung der Verschwendungssuche im Kontext eines Ganzheitlichen Produktionssystems,
- Unterstützung verschiedenster betrieblicher Aktivitäten und Initiativen, sofern diese ein messbares Ziel verfolgen oder
- Umsetzung strategischer „Leuchtturm-Verbesserungen" zur Motivation der Beschäftigten.

Zielgruppe
Der Leitfaden richtet sich vorrangig an Führungskräfte sowie Verantwortliche für Abläufe und Prozesse, die Verbesserungen eigenverantwortlich mit einem Team vorantreiben oder diese Aufgabe Verbesserungsverantwortlichen übertragen wollen. Diese gehören ebenfalls zur Zielgruppe des Leitfadens. Ihren Auftraggebern sollte der Leitfaden unbedingt bekannt sein. In regelmäßigem Austausch sollten sie sich über den Umsetzungsstand informieren und die Verbesserungsverantwortlichen unterstützen. Zur Zielgruppe des Leitfadens gehören auch Experten der Bereiche Lean Management und Industrial Engineering sowie Mitarbeiter und Mitglieder von Verbesserungsteams, die sich über Vorgehensweise und Werkzeuge informieren wollen.

Anwendung
Der Leitfaden ist nicht als Buch konzipiert, das kapitelweise von vorne bis hinten durchzulesen ist. Er ist vielmehr dafür ausgelegt, konkrete Verbesserungsaktivitäten zu begleiten und interaktiv Hilfestellung zu bieten.

Für einen schnellen Einstieg in den Leitfaden ist die Lektüre der Kap. 1 bis Abschn. 3.3 sowie Kap. 4 und 5 (zumindest 3.1 bis einschließlich 3.3) empfehlenswert. Danach kann das Begleitmaterial für konkrete Verbesserungsarbeit genutzt werden. Dabei bewegt man sich durch die einzelnen Arbeitsschritte, öffnet zugeordnete Werkzeuge, wendet diese an und speichert die Ergebnisse.

Die Beschreibungen der Module in Abschn. 3.4 sind weniger für die zusammenhängende Lektüre, sondern – bei Bedarf – zum Nachschlagen sowie als situationsbezogene Vertiefung bei der Arbeit mit dem Begleitmaterial gedacht. Gleiches gilt für die Beschreibung der Werkzeuge in Abschn. 3.5.

Zur Anwendung des Leitfadens liegen umfangreiche Erfahrungen sowie Bewertungen vor, die in zahlreichen verbandlichen Firmenzirkeln gesammelt wurden. Diese sind in Kap. 5 dargestellt. Gegenstand dieses Kapitels sind auch betriebliche Praxisbeispiele, welche die vielfältigen Anwendungsmöglichkeiten des Leitfadens veranschaulichen.

2 Abläufe verbessern

Frank Lennings

2.1 Abläufe und Prozesse

Ansatzpunkt für die Vorgehensweise des Leitfadens sind Abläufe und Prozesse, weil sie alle Schritte, die zur Erstellung eines Produktes oder einer Dienstleistung erforderlich sind, bereichs- und hierarchieübergreifend umfassen. Im Vergleich zu einer bereichs- oder hierarchieorientierten Betrachtung rücken das Produkt oder die Dienstleistung als Ganzes – und vor allem deren Kunden – in den Vordergrund aller Aktivitäten und Überlegungen.

Die vielfältigen Prozesse eines Unternehmens können beispielsweise in Kern-, Unterstützungs- und Führungsprozesse eingeteilt werden (REFA 2016). Eine einheitliche Typologie hierzu besteht nicht. Charakteristische oder typische Prozesse – wie Produktentwicklung, Beschaffung, Produktion usw. – werden auch als Geschäftsprozesse bezeichnet. Die komplette Bearbeitung eines spezifischen Kundenauftrages vom Auftragseingang bis zur Lieferung umfasst in der Regel mehrere Geschäftsprozesse, die miteinander verknüpft sind.

Für den Titel des Leitfadens wurde bewusst der Begriff Abläufe als möglichst allgemeine Bezeichnung gewählt, die einen breiten Zugang zum Thema unterstützt. Im Sinne dieses Leitfadens besteht zwischen den beiden Begriffen kein Unterschied.

▶ Abläufe und Prozesse werden als Folge aufeinander abgestimmter Handlungen (Ablaufschritte) angesehen, die das Ziel haben, Eingaben (z. B. Material oder Informationen) mithilfe eingesetzter Ressourcen (beispielsweise Arbeitsmittel und Mitarbeiter) – auch unter Einwirkung hinderlicher oder förderlicher äußerer Einflüsse – in Ausgaben bzw. Ergebnisse umzuwandeln, die bestimmten Vorgaben und Anforderungen genügen.

Vorgaben resultieren aus Anforderungen des Kunden oder aus Unternehmenszielen. In Abb. 2.1 ist ein Ablauf schematisch dargestellt. Die Vorgaben, welche die Ausgaben erfüllen sollen, entsprechen darin dem Inneren des grauen Ringes.

2.2 Beseitigung von Abweichungen

In den meisten Abläufen und Prozessen existiert Verschwendung, bspw. in Form von Überproduktion, Wartezeiten, Transporten oder überflüssigen Bewegungen. Besonders offensichtliche Verschwendung und akuter Verbesserungsbedarf liegen vor, wenn die Ergebnisse von Abläufen die Vorgaben oder Anforderungen nicht erfüllen, also den in Abb. 2.1 dargestellten Soll-Bereich im Inneren des grauen Ringes nicht „treffen“. Beispiele für solche „Abweichungen“, die interne und externe Reklamationen verursachen können, sind Qualitätsmängel, Budget- oder Terminüberschreitungen. Abweichungen können grundsätzlich durch

- die Eingaben,
- die Gestaltung und Umsetzung der Ablaufschritte,
- die Schnittstellen,
- die Ressourcen,
- die äußeren Einflüsse oder
- die Vorgaben

des Ablaufs oder ein Zusammenwirken dieser Faktoren verursacht werden.

Daraus lassen sich verschiedene Typen von Abweichungen herleiten.

Abweichungen infolge unzureichender Eingaben, Gestaltung von Ablaufschritten und/oder Ressourcen
Das können sein: Oberflächenfehler am Fertigprodukt wegen schadhaftem Rohmaterial, Verzögerungen beim Durchlauf einer Kundenrechnung wegen zahlreicher Schnittstellen, Maßabweichungen am Zwischenprodukt wegen mangelnder Maschinengenauigkeit oder falscher Maschinenbedienung.

F. Lennings (✉)
ifaa – Institut für angewandte Arbeitswissenschaft e. V., Düsseldorf, Deutschland
e-mail: f.lennings@ifaa-mail.de

ifaa – Institut für angewandte Arbeitswissenschaft e. V. (Hrsg.), *Abläufe verbessern - Betriebserfolg garantieren*, ifaa-Edition,
https://doi.org/10.1007/978-3-662-57695-3_2

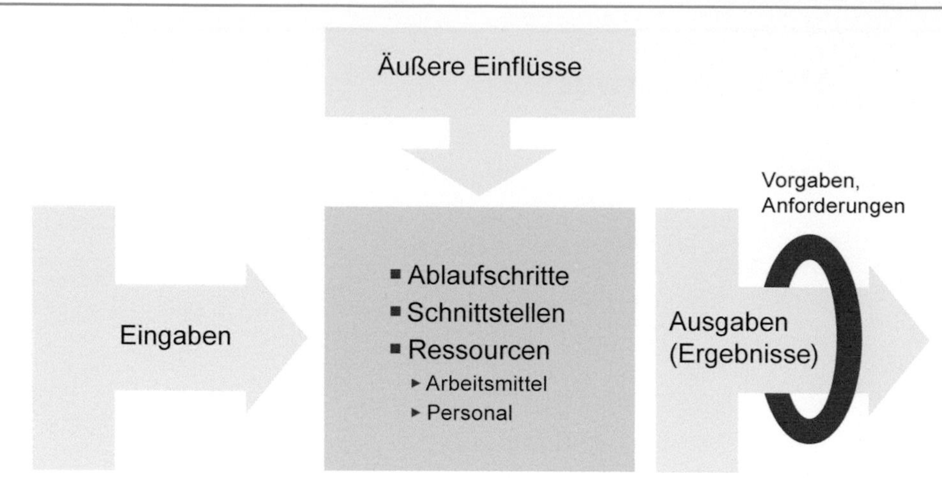

Abb. 2.1 Schematische Darstellung eines Ablaufs oder Prozesses

Abweichungen infolge veränderter äußerer Einflüsse
Zum Beispiel Überschreiten der Herstellkosten eines Produktes wegen gestiegener Rohstoffkosten oder Überschreiten der kalkulierten Kosten für das Erstellen einer Dienstleistung wegen gestiegener Personalkosten.

Abweichungen infolge geänderter Vorgaben
Hierzu gehören z. B. Maßabweichungen aufgrund einer Einschränkung zulässiger Toleranzen durch den Kunden bei unverändertem Ablauf oder die Nichterfüllung von Sicherheitsvorgaben nach Änderung gesetzlicher Bestimmungen.

Zur Beseitigung von Abweichungen müssen zunächst die meist unbekannten Ursachen zuverlässig erkannt und dagegen zielgerichtete Maßnahmen entwickelt werden. Sind die erkannten Ursachen unbeeinflussbar, z. B. gestiegene Rohstoffpreise, müssen andere Einflussfaktoren – beispielsweise Materialbedarf infolge konstruktiver Gestaltung, Fertigungs- oder Montagezeiten – auf die Abweichung gefunden und so gestaltet werden, dass sie die Wirkung der unbeeinflussbaren Faktoren kompensieren. Dabei unterstützen die Methoden zur Verbesserung von Abläufen.

2.3 Methoden zur Verbesserung von Abläufen

Um Verschwendung zu beseitigen und Abläufe im Rahmen der täglichen Arbeit stetig zu verbessern, etablieren viele Unternehmen „Ganzheitliche Produktionssysteme" oder „Lean Management". Deren Kernelemente sind unter anderem die Abstimmung, konsequente Einhaltung sowie die kontinuierliche tägliche Weiterentwicklung und Verbesserung von Standards für alle betrieblichen Abläufe. Auch das Industrial Engineering wird genutzt. Es umfasst die Anwendung von Methoden und Erkenntnissen zur ganzheitlichen Analyse, Bewertung und Gestaltung komplexer Systeme, Strukturen und Prozesse der Betriebsorganisation. Ziel ist es, Produkt- und Prozessgestaltung unter Beachtung des sozialen, ökonomischen und ökologischen Rahmens zu optimieren und so zu einer hohen Unternehmensproduktivität sowie einer humanorientierten Arbeitswelt beizutragen (REFA 2004). Voraussetzungen für den Erfolg dieser Ansätze sind die Wahl passender – am Problem orientierter – Methoden, die von den Anwendern verstanden und akzeptiert werden und deren kontinuierliche Anwendung im Alltag.

Tatsächlich werden Verbesserungen in den Unternehmen jedoch oft kampagnenartig betrieben. Die Wahl der Methoden orientiert sich dabei manchmal mehr an aktuellen „Moden" als an den bestehenden Problemen. Zudem wechseln Methoden oft mit den Führungskräften. Infolge dieser Kurzlebigkeit und teilweise schnell wechselnder Schwerpunkte kann übergeordnetes und umfassendes Methodenwissen und -verständnis verloren gehen bzw. nur schwer aufgebaut werden. Vielfach würde die Stabilisierung und kontinuierliche Verfolgung eines einmal beschrittenen Weges vielleicht einfacher, schneller, zuverlässiger und für die Mitarbeiter motivierender zum Erfolg führen als häufige Methodenwechsel.

Für die Verbesserung oder Optimierung von Abläufen gibt es viele bewährte Vorgehensweisen, die jedoch grundsätzlich auf dem gleichen Prinzip basieren.

Dieses kann darauf zurückgeführt werden, wie Menschen üblicherweise bei der Lösung von Problemen vorgehen.

▶ Ein Problem umfasst dabei drei wesentliche Komponenten (Dörner 1979):

- einen unerwünschten Anfangszustand,
- einen angestrebten Zielzustand und
- eine Barriere, welche die Überführung des Anfangs- in den Zielzustand erschwert oder verhindert.

Genau diese Komponenten finden wir auch bei der Beseitigung von Abweichungen infolge unbekannter oder nicht sicher bekannter Ursachen, die Gegenstand dieses Leitfadens sind.

In der Psychologie sind Phasenmodelle zur Lösung komplexer Probleme beschrieben. Eine Struktur, die sich in vielen Arbeiten wiederfindet (Reinkensmeier 2001 mit Hinweis auf D'Zurilla und Goldfried 1971; Ulrich und Probst 1988; Dörner 1989) umfasst die Schritte

- Analyse der Ausgangssituation,
- Zielausarbeitung,
- Erarbeitung von Lösungsalternativen,
- Entscheidung und Auswahl,
- Handlungsdurchführung und
- Kontrolle.

Die Struktur kann auch in einen Orientierungs-, Ausführungs- und Kontrollteil der Handlung unterteilt werden (Sell 1989).

Diese Schritte finden sich prinzipiell auch in bekannten Methoden, wie beispielsweise

- dem PDCA-Zyklus (Plan, Do, Check, Act),
- der RADAR-Logik der EFQM,
- der REFA-6-Schrittsystematik (Planungssystematik)
- der DMAIC-Methode (Define, Measure, Analyse, Improve, Control) von Six Sigma und dem
- 8D-Report.

Diese Methoden werden im Folgenden zur Verdeutlichung kurz beschrieben und gegenübergestellt.

PDCA-Zyklus

PDCA steht für Plan, Do, Check, Act (Planen, Tun, Prüfen, [Re]Agieren) (s. Tab. 2.1). Der PDCA-Zyklus wurde erstmals von Walter Shewart beschrieben und etabliert. Nach der Einführung und Verbreitung in Japan durch Shewarts Zeitgenossen und Weggefährten W. Edwards Deming in der Zeit nach dem 2. Weltkrieg wurde dort der Begriff Deming-Zirkel oder -Zyklus geprägt, der inzwischen allgemein Verwendung findet (Deming 1992 mit Hinweis auf Shewart 1939).

RADAR

RADAR steht für Results, Approach, Deployment, Assessment, Review (Ergebnisse, Vorgehen, Umsetzung, Bewertung und Überprüfung) und ist wesentliches Element des EFQM-Modells (s. Tab. 2.2). Das Modell wurde 1988 von 14 führenden europäischen Unternehmen, die sich zur European Foundation for Quality Management zusammengeschlossen haben, verabschiedet. Das Modell beschreibt, wie eine Organisation exzellente Prozesse einrichten, betreiben und dies überprüfen kann.

Die Methode berücksichtigt sowohl die Neugestaltung als auch die Anpassung bestehender Abläufe und Prozesse.

DMAIC-Methode

DMAIC ist die Abkürzung für Define, Measure, Analyse, Improve, Control (Definieren, Messen, Analysieren, Verbessern, Kontrollieren) (s. Tab. 2.3). Die DMAIC-Methode ist wesentlicher Bestandteil von Six Sigma. Six Sigma identifiziert unter Einbeziehung des Managements für den Unternehmenserfolg maßgebliche Prozesse oder Unternehmensbereiche, die einen besonders starken Einfluss auf die Kundenzufriedenheit, Kosten, Wirtschaftlichkeit und/oder eine erfolgreiche Umsetzung der Unternehmensstrategie haben. Die Güte oder Ausbeute dieser Prozesse soll mit der DMAIC-Methode auf ein Niveau von „Six Sigma" angehoben werden. Das bedeutet statistisch, dass der zulässige Soll-Bereich oder der Toleranzbereich für die Ausgaben oder Prozessergebnisse 12-mal so groß ist wie die Standardabweichung des Prozesses. Von einer Million Prozessergebnissen sind dann nur 3,4 nicht vorgabegemäß.

8D-Report

Der 8D-Report ist ein anerkanntes und beispielsweise in der Automobilindustrie von Kunden vielfach gefordertes Arbeitsmittel im Qualitätsmanagement, mit dem Kundenreklamationen schnell und nachhaltig bearbeitet werden sollen. Aufgrund der relativ übersichtlichen Struktur und einfachen Anwendbarkeit eignet sich diese Methode jedoch auch für die nachhaltige Beseitigung von Abweichungen im Unternehmen. Der 8D-Report wurde unter anderem vom Verband der Automobilindustrie standardisiert.

Tab. 2.1 PDCA-Zyklus

Phase	Inhalt
Planen (**P**lan)	Das Problem (Nichtübereinstimmung von Soll- und Ist-Zustand) wird eindeutig beschrieben. Mögliche Problemursachen werden gesammelt und Maßnahmen gegen die mutmaßlichen Ursachen einschließlich ihrer Umsetzung geplant.
Tun (**D**o)	Maßnahmen umsetzen gemäß Plan.
Prüfen (**C**heck)	Die umfassende und sorgfältige Umsetzung der Maßnahmen sowie deren Erfolg werden geprüft.
(Re)Agieren (**A**ct)	Wenn das Problem beseitigt ist, wird der neue Ablauf einschließlich der umgesetzten Maßnahmen als neuer Standard etabliert. Wenn das Problem nicht beseitigt wurde, müssen die Maßnahmen ggf. umfassender und durchgängiger umgesetzt oder neue Maßnahmen entwickelt werden.

Tab. 2.2 RADAR-Logik

Phase	Inhalt
Ergebnisse (**R**esults)	Ergebnisse sind sowohl die geplanten oder vorgegebenen Ergebnisse (Ziele) als auch die tatsächlich erreichten Ergebnisse (Ist-Werte) auf verschiedenen Betrachtungs- und Hierarchieebenen. Betrachtungsebenen können beispielsweise die Kunden-, Prozess-, Mitarbeiter- oder die gesellschaftliche Ebene sein. Hierarchiestufen können vom Arbeitsplatz bis zum Gesamtunternehmen reichen. Ergebnisse müssen angemessen geplant sein und erreicht werden.
Vorgehen (**A**pproach)	Um die geplanten Ergebnisse aktuell und zukünftig sicher zu erreichen, muss die Organisation über angemessene Vorgehensweisen – Abläufe und Prozesse – verfügen.
Umsetzung (**D**eployment)	Die Vorgehensweise muss sorgfältig und vollständig umgesetzt sein.
Bewertung und Überprüfung (**A**ssessment und **R**eview)	Die Umsetzung der gewählten Vorgehensweise wird überprüft. Sobald Ergebnisse vorliegen, wird geprüft, ob die Ziele erreicht sind oder ob das Vorgehen und seine Umsetzung ggf. angepasst werden müssen. Erforderlichenfalls werden hierzu Verbesserungsmaßnahmen identifiziert, geplant und umgesetzt.

Aktuelle Informationen zur EFQM und zu RADAR sind beispielsweise unter www.efqm.com verfügbar.

Tab. 2.3 DMAIC-Methode

Phase	Inhalt
Definieren (**D**efine)	In der Definitionsphase werden die Abweichungen (zwischen Ist- und Soll-Zustand) sowie das vorgesehene Projekt zur Beseitigung dieser Abweichungen definiert. Dies mündet in einen Projektvertrag, in dem u. a. Art und Umfang der Abweichung, Zielwert, Projektumfang und -beteiligte sowie der Terminplan festgehalten und vereinbart sind.
Messen (**M**easure)	Der genaue Wert der Abweichung wird gemessen. Dabei werden gleichzeitig auch zugehörige mögliche Einflussfaktoren gemessen und deren jeweilige Werte dokumentiert. Außerdem wird geprüft, ob das Messsystem, mit dem die Werte ermittelt wurden, zuverlässig arbeitet. Dies stellt sicher, dass nicht aufgrund falscher Messwerte unzureichende Maßnahmen entwickelt und umgesetzt werden und so Ressourcen verschwendet werden.
Analysieren (**A**nalyse)	In dieser Phase wird geprüft, welche der möglichen Abweichungsursachen tatsächlich maßgeblichen Einfluss haben und deshalb bei der Planung von Maßnahmen besondere Berücksichtigung finden sollten. Diese Analyse kann mit statistischen Werkzeugen wie beispielsweise Hypothesentests oder statistischer Versuchsplanung, mit einfachen teamorientierten Werkzeugen wie dem Ursache-Wirkungs-Diagramm oder mit grafischen Werkzeugen wie dem „Pareto- oder Streudiagramm" erfolgen.
Verbessern (**I**mprove)	Die wahren Ursachen werden falls noch nicht sicher bekannt weiter „eingekreist", ihre genaue Wirkungsweise – auch in Verbindung mit anderen Ursachen – bestimmt und zielgerichtete Maßnahmen entwickelt und umgesetzt.
Kontrollieren (**C**ontrol)	Mithilfe des unter „Messen" eingeführten Messsystems werden die Prozessergebnisse kontinuierlich kontrolliert und überprüft, ob die erwarteten Verbesserungen auch tatsächlich eintreten. Falls nicht, ist ein Wiedereinstieg in vorherige Schritte erforderlich. Das dauerhaft genutzte Messsystem gibt darüber hinaus zuverlässige Hinweise, falls die Wirkung von Maßnahmen nachlässt oder neue Abweichungsursachen auftreten.

Zur Six-Sigma-Methode liegen zahlreiche Veröffentlichungen vor (unter anderem: Birkmayer et al. 2017; Harry und Schroeder 2001; Simschek und Oppel 2018; Töpfer 2003; Rath und Strong 2008; Wildemann 2018).

Die Methode umfasst die 8 Schritte (oder „Disziplinen"):

Schritt 1 Team formieren
Schritt 2 Problem beschreiben
Schritt 3 Sofortmaßnahmen ergreifen
Schritt 4 Fehlerursachen feststellen
Schritt 5 Abstellmaßnahmen planen
Schritt 6 Abstellmaßnahmen einführen
Schritt 7 Fehlerwiederholung verhindern
Schritt 8 Teamerfolg würdigen

REFA-Planungssystematik

Die REFA-Planungssystematik ist in erster Linie ausgelegt für die Neugestaltung noch nicht bestehender Arbeitssysteme sowie die Weiterentwicklung oder die Verbesserung bestehender Arbeitssysteme. „Dies erfordert eine Reihe von Arbeitsschritten, die letztlich jedem systematischen Vorgehen zugrunde liegen", (REFA 1991, S. 118):

Die Schritte sind im Einzelnen:

Schritt 1 Ausgangssituation analysieren
Schritt 2 Ziele festlegen, Aufgaben abgrenzen
Schritt 3 Arbeitssystem(-varianten) konzipieren
Schritt 4 Arbeitssystem detaillieren
Schritt 5 Arbeitssystem einführen
Schritt 6 Arbeitssystem einsetzen (Erfolgskontrolle) (REFA 1991, S. 127)

Gegenüberstellung

Eine prinzipielle Gegenüberstellung der genannten Methoden ist in Abb. 2.2 dargestellt. Die Schritte werden von oben nach unten durchlaufen. Es sind aber jederzeit Sprünge in zurückliegende Schritte möglich, um das jeweilige Schema ggf. von da ausgehend erneut zu durchlaufen. Das kann erforderlich sein, wenn sich herausstellt, dass vermutete Ursachen nicht die angenommene Bedeutung haben, Maßnahmen nicht die erwarteten Verbesserungen bringen oder im Verlauf der Zeit neue Abweichungsursachen auftreten.

Die Schritte aller Methoden können denjenigen des idealtypischen Vorgehens bei der Problemlösung zugeordnet werden. Unterschiede zwischen den Vorgehensweisen gibt es nicht bei der grundsätzlichen Logik des Ablaufs, sondern vor allem hinsichtlich der Bezeichnungen und der Detailliertheit der einzelnen Schritte.

Auch weitere bekannte Methoden basieren auf dem beschriebenen Grundprinzip der Problemlösung, sind aber bereits speziell auf bestimmte Arten von Abweichungen „zugeschnitten". Hierzu gehören das schnelle Rüsten „Single Minute Exchange of Die" (SMED), das Wertstrommanagement oder Total Productive Maintenance (TPM).

Bei SMED ist die Abweichung üblicherweise eine zu hohe Rüstzeit. Der Rüstvorgang einschließlich der erforderlichen Zeiten wird z. B. mit Videoaufnahmen oder Aufschreibung erfasst und in Einzelschritte zerlegt (Ausgangssituation untersuchen). Schritte mit hohem Zeitbedarf oder geringem Rüstfortschritt werden dabei erkannt und durch Parallelisierung, Zusammenfassung, Qualifikation und/oder technische Maßnahmen verbessert (Lösungsalternativen erarbeiten, auswählen und umsetzen) und der Erfolg der umgesetzten Maßnahmen dauerhaft überwacht (Erfolg kontrollieren).

Beim Wertstrommanagement sind die Abweichungen in der Regel hohe Liege- und Durchlaufzeiten sowie eine hohe Kapitalbindung. Durchlaufzeiten, Bearbeitungszeiten, Losgrößen, Kundenbedarf und andere Kenngrößen werden im Ist-Zustand erfasst (Ausgangssituation untersuchen). Hierauf basierend wird ein Soll-Zustand beschrieben, der durch Gestaltung des Materialflusses, bessere Synchronisation einzelner Stationen, Einführung des Pull-Prinzips, Kanban-Steuerung, Losgrößen- und Rüstzeitreduzierungen sowie Kombinationen dieser Lösungen erreicht werden soll (Ziel ausarbeiten, Lösungsalternativen erarbeiten, auswählen und umsetzen). Nach der Umsetzung wird die Wirkung der Maßnahmen kontinuierlich geprüft (Erfolg kontrollieren).

Bei TPM ist die Abweichung üblicherweise ein zu geringer Nutzungsgrad von Produktionseinrichtungen. Nutzungsgrade und Ausfallursachen werden genau erfasst (Ausgangssituation untersuchen). Durch gezielte Verringerung von

Problemlöseprozess	PDCA	RADAR	DMAIC	8D-Report	REFA
Ausgangssituation untersuchen	P	R	D, M	1, 2, 3	1
Ziel ausarbeiten					2
Lösungsalternativen erarbeiten		A	A	4, 5	3, 4
Lösungsalternativen auswählen					
Lösungen umsetzen	D	D	I	6	5
Erfolg kontrollieren	C, A	A, R	C	7, 8	6

Abb. 2.2 Synopse verschiedener Vorgehensweisen zur systematischen Verbesserung von Abläufen

Stillständen und unproduktiven Zeitanteilen, wie technisch oder organisatorisch bedingten Stillständen, Rüst- und Anfahrzeiten, Leerlauf, Produktion von Ausschuss und das Nacharbeiten von Produkten wird der Nutzungsgrad erhöht (Ziele ausarbeiten, Lösungsalternativen erarbeiten, auswählen und umsetzen). Die ständige Erfassung der Nutzungsgrade gestattet es, die Wirksamkeit umgesetzter Maßnahmen sofort zu beurteilen und diese ggf. anzupassen (Erfolg kontrollieren).

Neben den oben genannten gibt es zahlreiche weitere Methoden und Werkzeuge aus Lean Management, Industrial Engineering, Kreativitätstechnik, Arbeitsgestaltung usw., die entweder in einzelnen oder allen Phasen des Problemlösezyklus unterstützen (Baszenski 2012; REFA 2015). Entscheidend für die Auswahl sollte stets der Problembezug sein. Bei der Einführung und Nutzung sind Verständnis und Akzeptanz bei den Anwendern die Erfolgsfaktoren.

Literatur

Baszenski N (2012) Methodensammlung zur Unternehmensprozessoptimierung. Dr. Curt Haefner-Verlag, Heidelberg

Birkmayer S, Dannenmaier R, Matlasek S, Pirker-Krassnig T, Weibert W (2017) lean six sigma toolkit. Das Handbuch für die wichtigsten DMAIC + LEAN Werkzeuge. ifss, Wien

D'Zurilla TJ, Goldfried MR (1971) Problem-solving and behaviour modification. J Abnormal Psychol 78:107–126

Deming WE (1992) Out of the crisis. Cambridge University Press, Cambridge, Melbourne, Sydney

Dörner D (1979) Problemlösen als Informationsverarbeitung. Kohlhammer, Stuttgart, Berlin, Köln, Mainz (Kohlhammer-Standards Psychologie: Studientext: Teilgebiet Denkpsychologie)

Dörner D (1989) Die Logik des Misslingens. Strategisches Denken in komplexen Situationen. Rowohlt, Reinbek

Harry M, Schroeder R (2001) Six Sigma, Prozesse optimieren, Null-Fehler-Qualität schaffen, Rendite radikal steigern. Campus, Frankfurt, New York

Rath & Strong Management Consultants (Hrsg) (2008) Rath & Strong Six Sigma pocket guide. Werkzeuge zur Prozessverbesserung. TüV Media, Köln

REFA Verband für Arbeitsgestaltung und Betriebsorganisation (Hrsg) (1991) REFA-Methodenlehre der Betriebsorganisation. Grundlagen der Arbeitsgestaltung. Carl Hanser, München

REFA Bundesverband e. V. (Hrsg) (2004) Seminar Industrial Engineering – Der Schlüssel zur Produktivität. Darmstadt

REFA Bundesverband e. V. (Hrsg) (2015) Industrial Engineering. Standardmethoden zur Produktivitätssteigerung und Prozessoptimierung. REFA Bundesverband e.V., Darmstadt

REFA Bundesverband e. V. (Hrsg) (2016) Arbeitsorganisation erfolgreicher Unternehmen – Wandel in der Arbeitswelt. REFA Bundesverband e. V., Darmstadt

Reinkensmeier S (2001) Problemlösendes Handeln in der Ausbildung von Bankkaufleuten. Lehr- und Lern-Arrangement zum Bankcontrolling. Deutscher Universitäts-Verlag., Wiesbaden

Sell R (1989) Angewandtes Problemlösungsverhalten. Springer, Berlin, Heidelberg, New York

Shewhart W A (1939) Statistical Method from the Viewpoint of Quality Control. Graduate School, The Deptartment of Agriculture, Washington

Simschek R, Oppel A (2018) Six Sigma. UVK, Konstanz

Töpfer A (2003) Six Sigma. Konzeption und Erfolgsbeispiele. Springer, Berlin

Ulrich H, Probst G J B (1988) Anleitung zum ganzheitlichen Denken und Handeln. Haupt, Bern, Stuttgart

Wildemann H (2018) Six Sigma und Qualitätsverbesserung. Leitfaden zur kontinuierlichen Verbesserung der Qualität in Prozessen und Produkten. TCW, München

3 Aufbau und Anwendung des Leitfadens

Frank Lennings

3.1 Struktur und Module des Leitfadens

Wie in Abschn. 2.3 beschrieben, gibt es viele – bereits bewährte – Methoden zur Verbesserung von Abläufen, die eine gemeinsame Grundstruktur aufweisen. Ziel dieses Leitfadens ist nicht, Bewährtes neu zu erfinden, sondern es möglichst allgemein darzustellen und zugänglich zu machen.

Die Vorgehensweise und Struktur dieses Leitfadens umfasst vier Hauptarbeitsschritte bzw. Module.

I. Verbesserung planen und vereinbaren
II. Fakten und Daten erfassen
III. Ursachen für die Abweichung erkennen
IV. Ursachen entkräften und Erfolg kontrollieren

Die Einhaltung dieser Schritte sichert, dass

- Verbesserungen auf einer breiten und fachkompetenten Grundlage geplant und vereinbart werden;
- Zahlen, Daten und Fakten die wichtigste Grundlage der Verbesserungsaktivitäten bilden;
- Maßnahmen nur für die tatsächlich wirksamen Ursachen der Abweichung erarbeitet und umgesetzt werden;
- Ergebnisse auch nach Erreichen der Vorgaben kontinuierlich weiter überwacht und Erfolge nachhaltig bleiben.

Gesamtstruktur
Die Arbeitsschritte sowie Leitfragen und wesentliche Ergebnisse der Hauptarbeitsschritte bzw. Module sind in Abb. 3.1 dargestellt. Die senkrecht nach unten verlaufenden Pfeile beschreiben den idealisierten Verlauf der Verbesserungsaktivitäten. Beim Durchlaufen der Module können aber jederzeit auch Sprünge in zurückliegende Module erforderlich sein.

Die Verbesserungsaktivitäten sind nachhaltig angelegt. Das bedeutet, dass Abweichungen – auch wenn sie erfolgreich beseitigt wurden – unbedingt weiter kontrolliert werden müssen. Dazu wird eine „permanente" Überwachung der Abweichungen installiert und so lang genutzt, wie die Beherrschung der Abweichung für den Unternehmenserfolg relevant ist. Im Diagramm ist dies durch die Verbindung von „Erfolg kontrollieren" zum Modul „Fakten und Daten erfassen" dargestellt. Günstigstenfalls tritt dauerhaft keine Abweichung mehr auf, was durch den Pfeil zwischen „Vorgabe erfüllt? (Ja-Pfad)" und „Fakten und Daten erfassen" beschrieben ist.

Wenn erneut Abweichungen auftreten, werden entweder vorbereitete Maßnahmen situationsbezogen angewandt oder der Wiedereinstieg in die Suche nach Ursachen und Maßnahmen wird ausgelöst. Dies kann erforderlich sein, falls Maßnahmen ihre Wirkung verlieren oder neue Ursachen für Abweichungen auftreten. Unter Umständen müssen bestehende Ziele auch verändert werden, was der gestrichelte rückläufige Pfeil zum Modul „Verbesserung planen und vereinbaren" andeutet.

Der Aufbau der Module ist im Folgenden kurz beschrieben. Abschn. 3.4 enthält ausführliche Beschreibungen der Module und ihrer einzelnen Arbeitsschritte. Informationen zu den im Begleitmaterial verfügbaren Werkzeugen sind Inhalt von Abschn. 3.5.

3.2 Prinzipieller Aufbau der Module

Der Leitfaden umfasst die in Abschn. 3.1 beschriebenen Module. Zu jedem Modul ist auf einer Seite ein Überblick mit

- Arbeitsschritten,
- Leitfragen/Checkliste und
- verfügbaren Werkzeugen

Elektronisches Zusatzmaterial
Die elektronische Version dieses Kapitels enthält Zusatzmaterial, das berechtigten Benutzern zur Verfügung steht (https://doi.org/10.1007/978-3-662-57695-3)

F. Lennings (✉)
ifaa – Institut für angewandte Arbeitswissenschaft e. V., Düsseldorf, Deutschland
e-mail: f.lennings@ifaa-mail.de

ifaa – Institut für angewandte Arbeitswissenschaft e. V. (Hrsg.), *Abläufe verbessern - Betriebserfolg garantieren*, ifaa-Edition,
https://doi.org/10.1007/978-3-662-57695-3_3

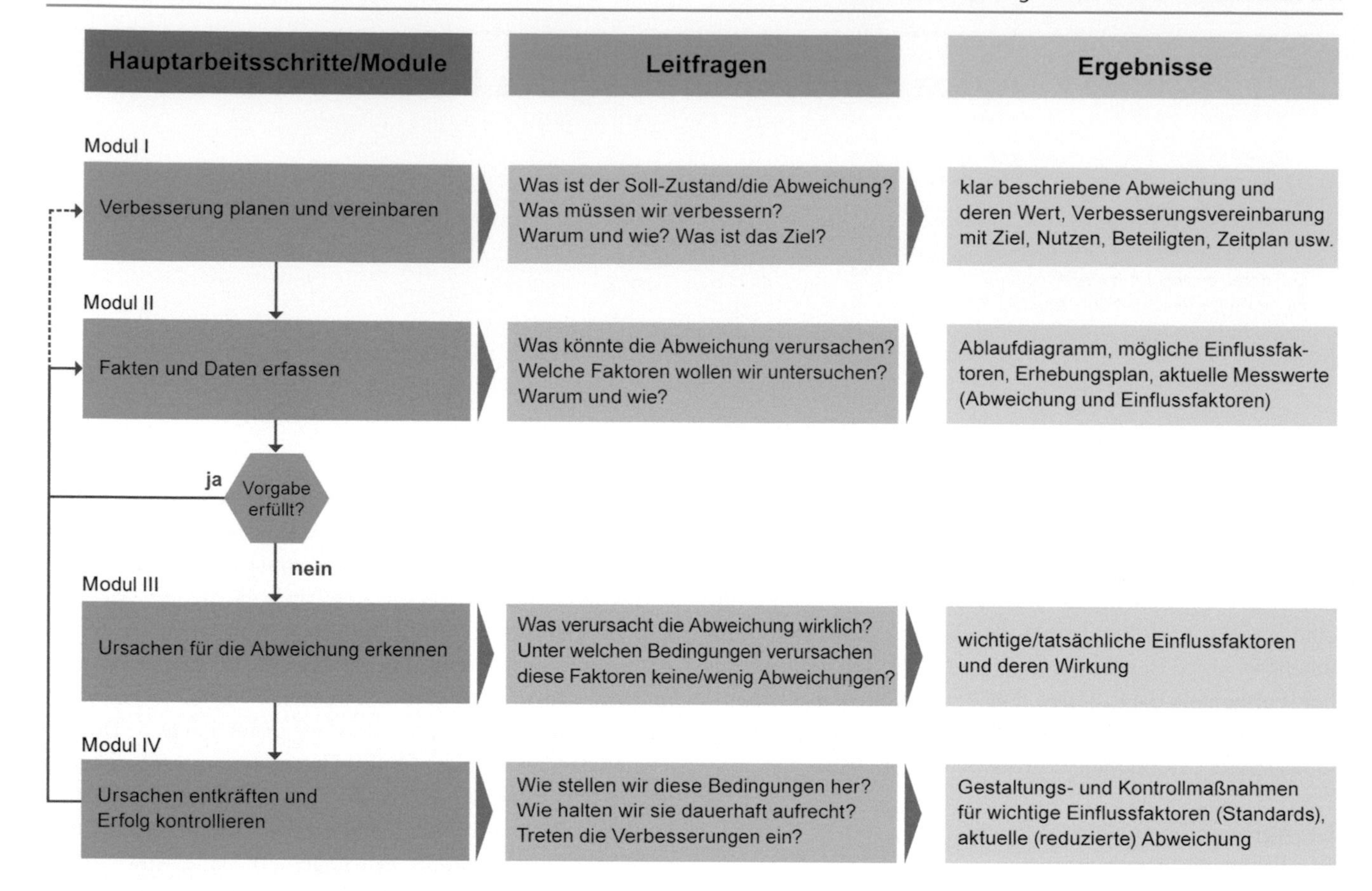

Abb. 3.1 Arbeitsschritte, Leitfragen und Ergebnisse des Leitfadens

zusammengestellt, Abb. 3.3, 3.4, 3.5 und 3.6.

Die Arbeitsschritte sind in der linken Spalte dieser Übersichten als Ablaufdiagramme dargestellt und von oben nach unten nachvollziehbar. Natürlich können darin nicht alle denkbaren Verzweigungen, die im Verlauf von Verbesserungsaktivitäten möglich sind, berücksichtigt werden. Diese Ablaufdiagramme sind vielmehr als Vorschläge zu verstehen, die für viele „typische" Fälle ein geeigneter roter Faden sind.

Außerdem sind die vorgeschlagenen Schritte nicht für alle Fälle relevant. Manchmal können Schritte auch übersprungen werden. Die Ablaufdiagramme der Module sind als „Maximalvariante" zu verstehen, die höchst unterschiedlich genutzt und durchlaufen werden können. Die Beispiele in den Kap. 4 und 5 verdeutlichen dies.

Die Leitfragen der Checklisten in der mittleren Spalte der Übersichten fassen ohne umfangreichen Text zusammen, worauf es bei den Arbeitsschritten besonders ankommt. Sie sollen den Leser anregen, das ganze Spektrum relevanter Tatsachen und Zusammenhänge intuitiv zu berücksichtigen. Dabei ist nicht jede Frage für jede Verbesserungsaufgabe von Bedeutung. Ebenso können auch nicht alle für eine Verbesserung möglicherweise wichtigen Fragen berücksichtigt sein. Auch die Leitfragen sind auf häufige Fälle zugeschnitten.

Die Fragen erscheinen manchmal unnötig oder banal. Sie sollten dennoch nicht zu schnell und oberflächlich durchgegangen werden. Die Auseinandersetzung mit den Fragen lohnt sich, weil sie auf Punkte hinweisen, deren Nichtbeachtung den Erfolg der Verbesserung gefährden oder unnötig erhöhten Aufwand verursachen kann.

Die Fragen sind mit Quadraten gekennzeichnet. Fragen mit rotem Quadrat sind „Ampelfragen", und können nur mit „Ja" oder „Nein" beantwortet werden. Wenn die Antwort „Nein" lautet, ist die Fortsetzung der Verbesserungsaktivitäten kritisch zu hinterfragen. Die Wahrscheinlichkeit eines Misserfolges steigt beträchtlich mit dem Überschreiten „roter Ampeln".

Die Werkzeuge unterstützen zielgerichtet bei den Arbeitsschritten und sind mit grünen Rauten oder „>" gekennzeichnet. Werkzeuge mit grüner Raute sind im Begleitmaterial des Leitfadens als Microsoft-Excel- oder Microsoft-Word-Dateien verfügbar und können direkt geöffnet und genutzt werden. Eingaben und Ergebnisse können gespeichert und für eine vielseitig anwendbare Dokumentation der Verbesserungsaktivitäten genutzt werden. Werkzeuge oder Hilfsmittel mit „>" sind im Begleitmaterial nicht verfügbar, weil sie dafür zu unternehmensspezifisch oder zu komplex sind.

Start > Modulübersicht Impressum

Willkommen im Begleitmaterial des ifaa-Leitfadens
„Abläufe verbessern – Betriebserfolg garantieren“

Sie haben zwei Möglichkeiten, mit dem Begleitmaterial zu arbeiten:

1. Arbeitsschritte des Leitfadens durchgehen

In der Übersicht unten können Sie Module des Leitfadens auswählen und deren einzelne Arbeitsschritte – i. d. R. in mehreren Sitzungen – für Ihr Projekt durchgehen. Je Arbeitsschritt können Sie unterstützende Werkzeuge öffnen, anwenden und Ihre Ergebnisse speichern.

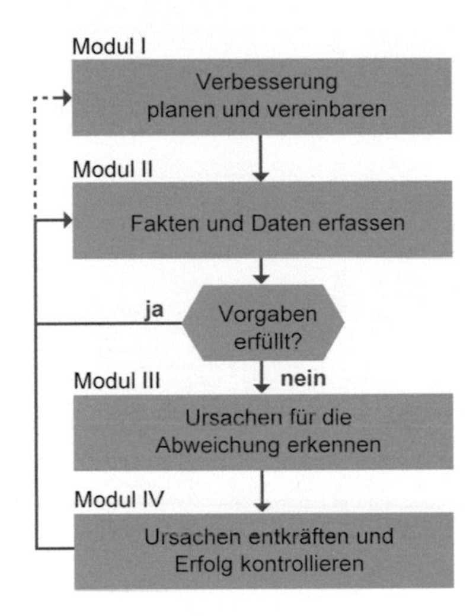

2. Werkzeuge direkt wählen und anwenden

In der Übersicht unten können Sie verfügbare Werkzeuge direkt öffnen, anwenden und Ihre Ergebnisse speichern.

- Ablaufdiagramm
- Ablauf-Grobdarstellung
- Aktionsplan
- Aushang
- Bewertungstabelle für Maßnahmen
- Bewertungstabelle für Verbesserungsvorhaben
- Chance-Risiko-Betrachtung
- Datenerfassungsplan
- Fischgrätdiagramm
- Häufigkeitsdiagramm
- Hypothesentests
- Kastendiagramm
- Kontrollplan
- Korrelation
- Materialflussanalyse
- Medianzyklusdiagramm
- MSA qualitativ
- MSA quantitativ automatisch
- MSA quantitativ manuell
- Normalverteilungstest
- Paarweiser Vergleich
- Paretodiagramm
- Pivotdiagramm
- Prozessfähigkeitsanalyse
- Regression
- Statistische Kenngrößen
- Strichliste/Begleitblatt
- Ursache-Wirkungs-Tabelle
- Verbesserungsvereinbarung
- 5 × Warum
- Zeitverlaufsdiagramm
- Zielwertanalyse

Abb. 3.2 Übersichtsmenü zum Einstieg in die Arbeit mit dem Begleitmaterial

Falls möglich, sollten diese genutzt werden, weil sie für die Arbeitsschritte sinnvoll und hilfreich sein können.

Bei den Werkzeugen wird – ähnlich wie bei den Arbeitsschritten und Leitfragen – ein für viele Verbesserungsaufgaben geeigneter Querschnitt angeboten. Diese Auswahl ist weder vollständig, noch müssen alle verfügbaren Werkzeuge unbedingt genutzt werden. Natürlich können auch zusätzliche oder andere bewährte Werkzeuge, mit denen gute Erfahrungen gemacht wurden, hinzugefügt werden.

Einige der Werkzeuge sind unterstrichen. Dabei handelt es sich um Werkzeuge, die in der Regel für alle Arten von Vorhaben empfehlenswert sind und deshalb genutzt werden sollten.

Die Werkzeuge und deren zielgerichtete Anwendung werden in Abschn. 3.5 sowie im Begleitmaterial vorgestellt. Die Beschreibung der Werkzeuge ist – in der Regel – folgendermaßen gegliedert:

- WAS leistet das Werkzeug?
- WOFÜR ist das Werkzeug nützlich?
- WIE wird das Werkzeug angewendet?

Die meisten Werkzeuge stehen als Excel-Dateien zur Verfügung und enthalten ein Tabellenblatt „Beschreibung und Anwendung“ mit detaillierten Anwendungsbeschreibungen.

3.3 Arbeiten mit dem Leitfaden

Grundsätzliches

Der Leitfaden ist nicht als Buch konzipiert, das kapitelweise von vorne bis hinten durchzulesen ist. Er unterstützt vielmehr direkt bei konkreten Verbesserungsaktivitäten und bietet situativ Hilfestellung.

Empfehlung zur Arbeit mit dem Leitfaden

Für den schnellen Einstieg ist die Lektüre der Kap. 1 bis Abschn. 3.3 sowie Kap. 4 und 5 empfehlenswert. Danach kann das Begleitmaterial für konkrete Verbesserungsarbeit genutzt werden.

Nutzung des Begleitmaterials

Nach dem Herunterladen des Begleitmaterials bei Springer (www.springer.com, „Abläufe verbessern – Betriebserfolg garantieren“, „OnlinePlus“) oder der Webseite des ifaa und dem Öffnen der Datei „Abläufe verbessern.pdf“ erscheint ein Übersichtsmenü, Abb. 3.2, das wahlweise den Zugang zu den in Abschn. 3.4 vorgestellten Modulen oder einer Liste der im Begleitmaterial verfügbaren und in Abschn. 3.5 vorgestellten Werkzeuge ermöglicht.

Die Wahl der Module führt zu den Moduldarstellungen der Abb. 3.3, 3.4, 3.5 und 3.6. Diese können am Bildschirm

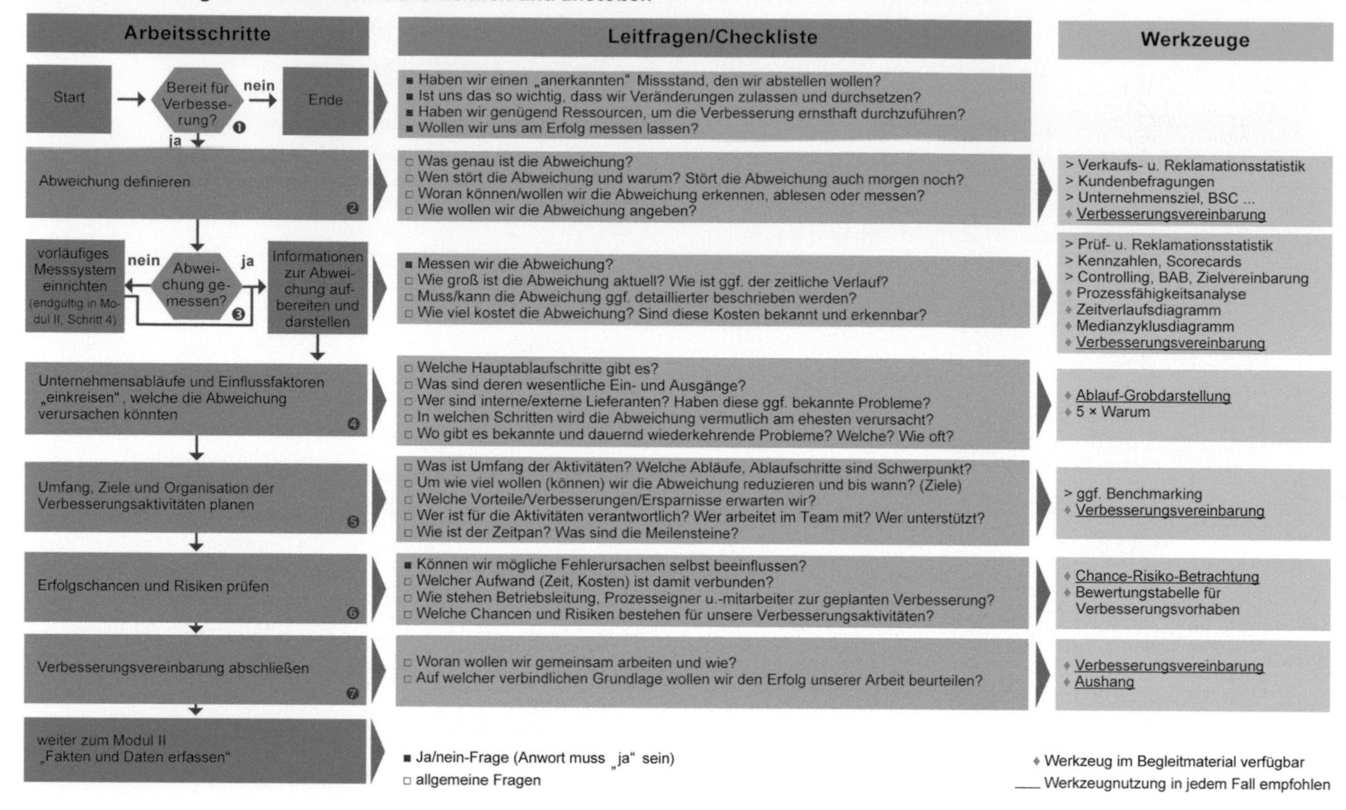

Abb. 3.3 Modul I: Verbesserung planen und vereinbaren

durchgearbeitet werden. Dabei gibt es folgende Unterstützung bzw. Eingabemöglichkeiten:

- Bei Berührung eines Arbeitsschrittes mit dem Mauszeiger werden Kurzinformationen zu dem jeweiligen Arbeitsschritt eingeblendet, Abb. 3.7.
- Bei Berührung eines Werkzeuges in den Moduldarstellungen mit dem Mauszeiger werden Kurzinformationen zu diesem Werkzeug eingeblendet,
- Durch Klick mit der linken Maustaste öffnet sich die Datei des Werkzeuges, auf dem sich der Mauszeiger befindet und spezifische Daten sowie Informationen können eingegeben werden. Je nach Werkzeug werden die Eingaben ggf. weiter ausgewertet und die Ergebnisse angezeigt. Die bearbeitete Werkzeugdatei kann anschließend gespeichert werden. Name und Speicherort sind frei wählbar.
- Aus dem jeweiligen Programm heraus lassen sich gespeicherte Dateien zur Dokumentation der Verbesserungsaktivitäten jederzeit drucken.

Aus der „Werkzeugliste" können Werkzeuge gezielt ausgewählt werden. Bei Berührung eines Werkzeugs aus der Liste mit dem Mauszeiger werden Kurzinformationen zu diesem Werkzeug eingeblendet, Abb. 3.8. Durch Klick mit der linken Maustaste öffnet sich die Datei des Werkzeugs, auf dem sich der Mauszeiger befindet, und ist in der oben beschriebenen Weise nutzbar.

3.4 Beschreibung der Module

Die folgenden Beschreibungen der Module sind in erster Linie als situative Unterstützung und Vertiefung bei der Arbeit mit dem Begleitmaterial gedacht. Hinweise und Empfehlungen zur Arbeit mit dem Leitfaden finden Sie in Abschn. 3.3. Die in den Beschreibungen angesprochenen Werkzeuge sind ausführlich in Abschn. 3.5 dargestellt.

3.4.1 Modul I: Verbesserung planen und vereinbaren

Dieses Modul umfasst eine erste Bestandsaufnahme relevanter Informationen sowie die gemeinsame Planung und Vereinbarung der Verbesserung. Alle Arbeitsschritte dieses Moduls sollten deshalb von einem Team aus Mitarbeitern der an der Verbesserung beteiligten Bereiche durchgeführt werden. Für die Planung, Umsetzung und Koordination gibt

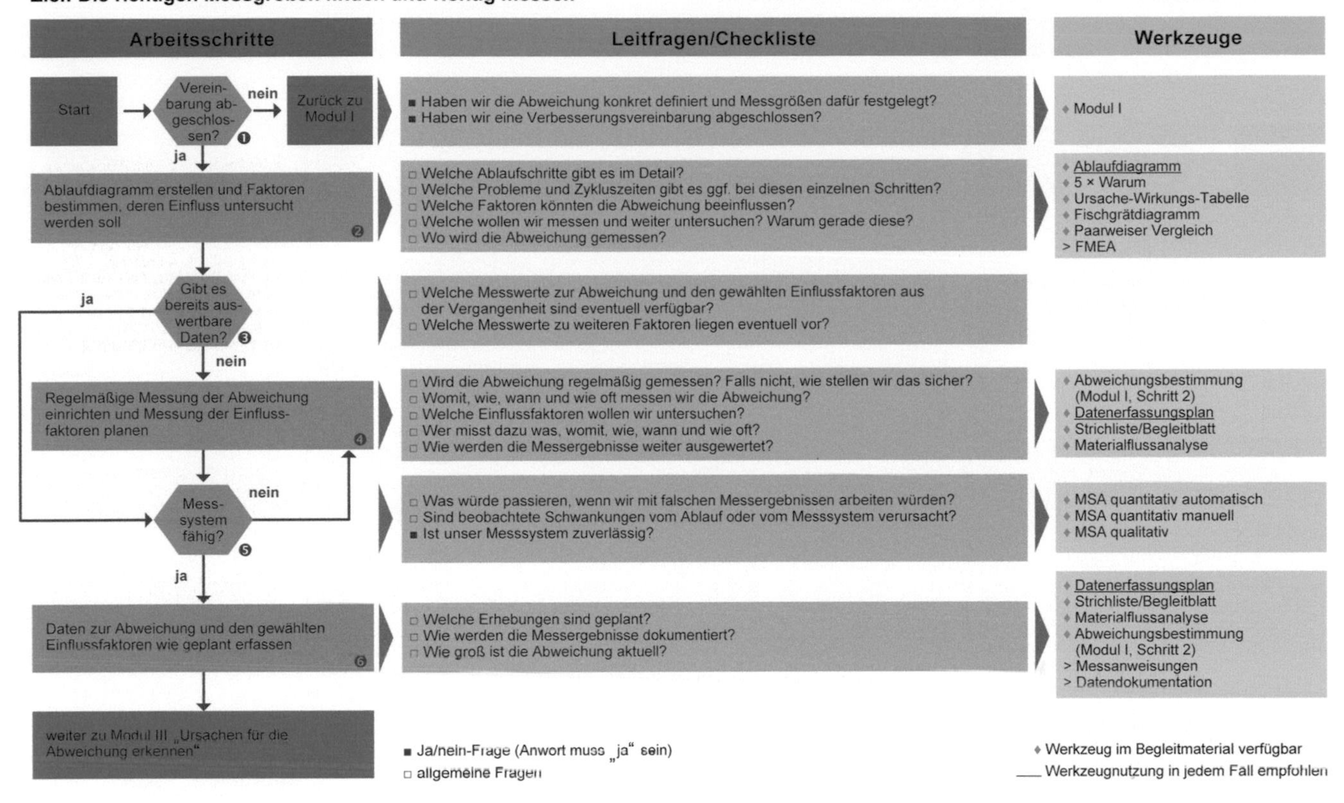

Abb. 3.4 Modul II: Fakten und Daten erfassen

es einen Verantwortlichen. Dieser kann sowohl eine Führungskraft aus betroffenen Bereichen als auch ein beauftragter Mitarbeiter sein.

Wesentliches Ergebnis dieses Moduls ist eine schriftliche Vereinbarung mit Eckdaten und Festlegungen zur geplanten Verbesserung. Die Vereinbarung und die nötigen Vorarbeiten dazu erscheinen – gerade unter dem „Druck des Alltags“ – manchmal überflüssig und unnötig formal. „Das brauchen wir doch nicht! In unserem Fall ist doch alles klar!“ sind typische Bemerkungen hierzu.

Die Ergebnisse des Moduls „Verbesserung planen und vereinbaren“ sind jedoch die Grundlagen der weiteren Arbeit und der objektiven Beurteilung des Erfolges. Darüber hinaus helfen sie, Transparenz zu schaffen und die Aktivitäten schnell wirkungsvoller neu auszurichten, falls im ersten Anlauf kein Erfolg erzielt wird. Mit der Verbesserungsvereinbarung können deshalb meist deutlich mehr Zeit und Ressourcen gespart werden, als ihre Erstellung beansprucht.

3.4.1.1 Bereit für Verbesserung?

Grundsätzlich können Verbesserungsaktivitäten sowohl strategisch „von oben herab“ z. B. im Rahmen der Konkretisierung von Unternehmensstrategien oder -zielen, im Rahmen der Erfüllung von Zielvereinbarungen oder interner Kunden-Lieferanten-Gespräche als auch sporadisch „von unten“ initiiert werden, um beispielsweise besonders schwerwiegende Abweichungen, die alle Beteiligten stören, zu beseitigen.

Unabhängig vom Anlass sollte zu Beginn der Verbesserungsaktivitäten zwischen allen Akteuren Einigkeit darüber bestehen, dass ein „anerkannter“ Missstand besteht, den sie beseitigen wollen, dass sie hierzu Veränderungen zulassen und durchsetzen sowie sich am Erfolg messen lassen wollen.

3.4.1.2 Abweichungen definieren

Eine Abweichung liegt vor, wenn Ergebnisse eines Ablaufs oder Ablaufschrittes vorübergehend oder dauerhaft nicht den Vorgaben entsprechen (beispielsweise Maße, Zeiten, Kosten nicht eingehalten werden). Grundtypen sind in Abschn. 2.2. beschrieben.

Hinweise auf relevante Abweichungen können z. B. Verkaufs- und Reklamationsstatistiken, Kundenbefragungen oder Scorecards liefern. Die zu beseitigende Abweichung ist nicht immer sofort eindeutig erkennbar. Manchmal ist die auslösende Abweichung nur erster Indikator oder Folge einer anderen Abweichung. Beispielsweise können Verbesserungsaktivitäten durch die Abweichung „Produktivität an

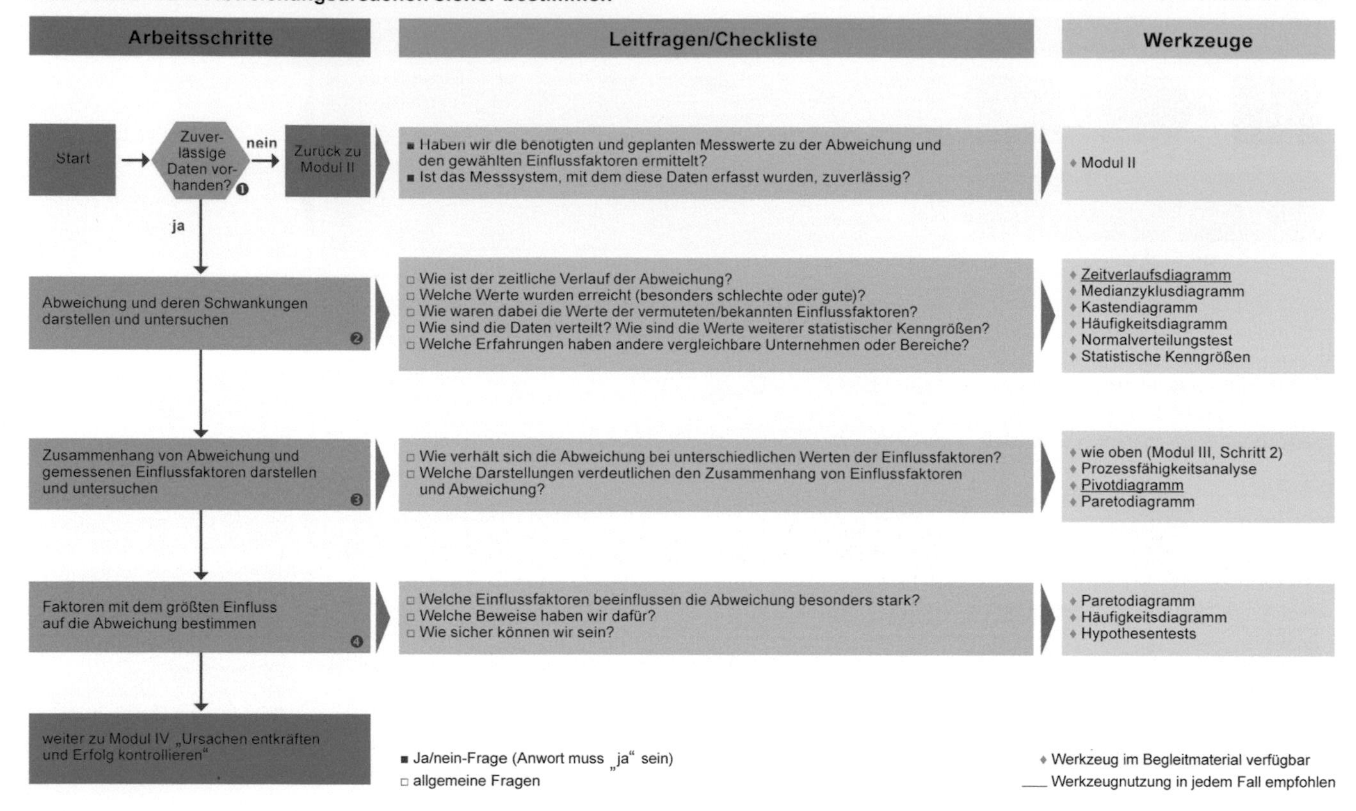

Abb. 3.5 Modul III: Ursachen für die Abweichung erkennen

Tab. 3.1 Abweichung definieren

Aktivitätsauslöser	Tatsächlich relevante Abweichung
Produktivität an Maschine A zu gering	Anteil technisch bedingter Stillstandzeiten an Maschine A zu hoch

Maschine A zu gering" ausgelöst werden. In der Klärungsphase kann sich dann herausstellen, dass die eigentlich relevante Abweichung lautet: „Anteil technisch bedingter Stillstandszeiten an Maschine A zu hoch" (s. Tab. 3.1).

Wichtig ist auch einzuschätzen, wie sich die Bedeutung der Abweichung künftig entwickeln wird. Bei Abweichungen, deren Bedeutung in Zukunft abnimmt, muss abgewogen werden, ob der Einsatz von Ressourcen hierfür lohnt oder diese an anderer Stelle sinnvoller genutzt werden können. Beispiele hierfür sind: Produkt läuft aus oder neue Fertigungsverfahren oder -abläufe werden in Kürze eingeführt. Die Bedeutung einer bestehenden Abweichung kann auch zunehmen. Beispiele hierfür sind: Zu viele Kundenreklamationen bei Produkten oder Dienstleistungen, deren Marktposition ausgebaut werden soll.

Die Abweichung muss konkret und eindeutig beschrieben sein. Dafür sind in der Regel ein Merkmal und Grenzwerte erforderlich, z. B.:

- Durchlaufzeit von Auftragseingang bis Fertigungsbeginn länger als 5 Tage,
- Produkt mit Länge kleiner 49 mm oder größer 51 mm,
- Rechnung mit fehlerhafter Adresse, Produktbezeichnung und/oder Preis,
- Dienstleistung mit mehr als 2 Tagen Verzug erbracht,
- Lagerbestand für Produkt X kleiner 50 Stück oder größer 150 Stück,
- Überschreitung der kalkulierten Materialkosten von 25 € bei Produkt Y usw.

Abweichungen müssen unbedingt messbar sein, damit eine nachhaltige Verbesserungsarbeit mit einer objektiven Beurteilung der aktuellen Lage und der Wirksamkeit von Maßnahmen möglich ist. Zur Definition gehört deshalb ggf. auch, eine Festlegung wie oder woran die Abweichung gemessen wird, z. B.:

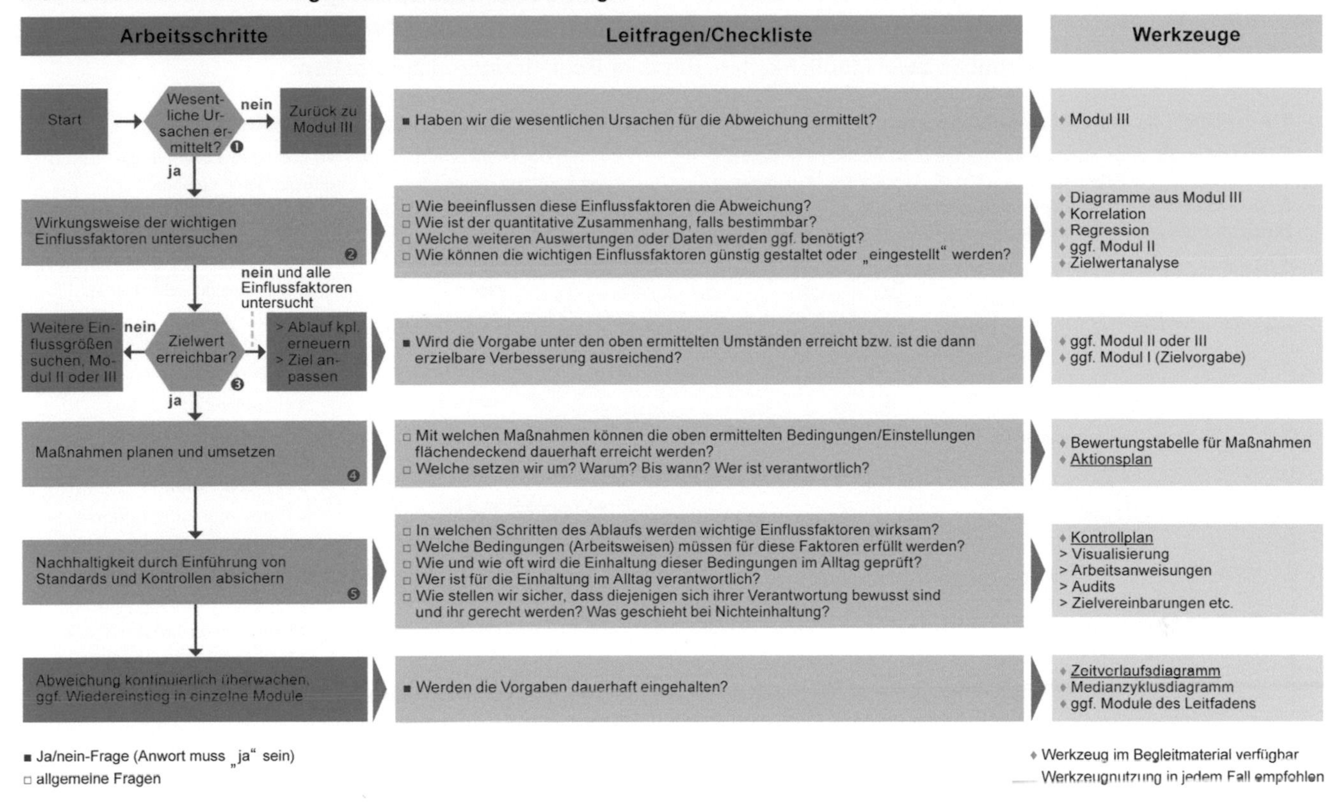

Abb. 3.6 Modul IV: Ursachen entkräften und Erfolg kontrollieren

- Die Durchlaufzeit von Auftragseingang bis Fertigungsbeginn wird ermittelt als Differenz von „Drucktermin Fertigungsunterlagen" und „Auftragserfassungstermin PPS-System".
- Die Produktlänge wird manuell mit einem Messschieber ermittelt.
- Rechnungen mit fehlerhafter Adresse sind diejenigen, die mit dem Vermerk „Empfänger unbekannt" zurückkommen.

Zur Definition der Abweichung gehört ebenfalls, in welcher Form die Abweichung angegeben werden soll, also beispielsweise:

- Anzahl oder Anteil unbrauchbarer Ergebnisse (z. B. 5 verspätete Lieferungen oder 7 % verspätete Lieferungen),
- durchschnittliche oder Einzelabweichung (z. B. durchschnittlicher Lieferverzug 12 Tage oder Lieferverzug je Einzellieferung).

Die Angaben hängen von der Art der erfassten Daten ab. Die prinzipiellen Möglichkeiten sind in Abschn. 3.4.1.3 „Abweichung gemessen?" beschrieben.

Ergebnis dieses Arbeitsschrittes ist eine eindeutige Beschreibung der Abweichung. Diese kann in die im Begleitmaterial befindliche „Verbesserungsvereinbarung" eingetragen werden.

3.4.1.3 Abweichung gemessen?

In diesem Schritt untersucht das Team, ob die definierte Abweichung gemessen wurde. Falls ja, wie der aktuelle Wert ist und ggf., wie sich die Werte bis zum heutigen Zeitpunkt entwickelt haben sowie welche Kosten und Nachteile die Abweichung verursacht. Eventuell muss die Abweichung in der gewünschten Form erst noch aus den gemessenen Werten ermittelt werden.

Hierbei können interne Prüf- und Reklamationsstatistiken, Kennzahlen, Scorecards, Unterlagen aus dem Controlling, Betriebsabrechnungsbögen, Zielvereinbarungen oder andere Aufzeichnungen etc. genutzt werden.

Je nach Verbesserungsidee kann es vorkommen, dass Daten zur Abweichung noch gar nicht vorliegen. Dann muss zunächst ein vorläufiges Messsystem eingerichtet werden, mit dem Prozessergebnisse festgehalten und Abweichungen ermittelt werden. Es empfiehlt sich abzuwarten, bis erste zuverlässige Angaben zum Ist-Zustand vorliegen. Zwischen

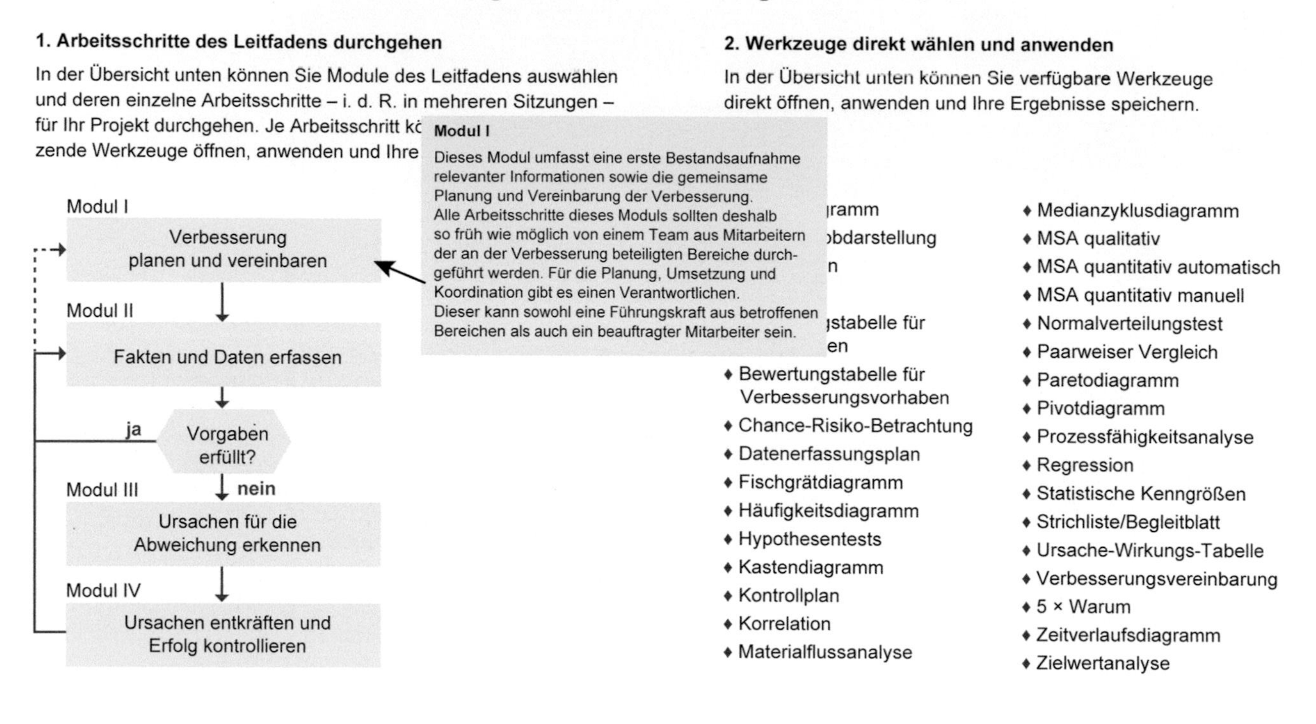

Abb. 3.7 Kurzinformation zu den Modulen und Arbeitsschritten

„gefühlten“ und gemessenen Zuständen können große Unterschiede liegen, die Verbesserungsaktionen überflüssig machen oder eine neue Ausrichtung erfordern können. Das endgültige Messsystem wird spätestens in Modul II Schritt 4 eingerichtet.

Grundsätzlich werden Abweichungen für relevante Einheiten – z. B. Kundenaufträge, Fertigungsaufträge, Bauteil 4711, Rechnung oder Lieferungen etc. – über einen aussagefähigen Zeitraum, wie Tag, Woche, Monat o. Ä. ermittelt und angegeben. Entscheidend für die Angabe der Abweichungen ist, ob die verfügbaren Daten qualitativ (attributiv) oder quantitativ sind.

Beispiele für qualitative (attributive) Daten sind:

- Ja/Nein
- in Ordnung/nicht in Ordnung
- Maschine 1/Maschine 2/Maschine 3
- Kategorie A/Kategorie B/Kategorie C/Kategorie D

Beispiele für quantitative Daten sind:

- Anzahl falscher Rechnungsbeträge (ganze Zahlen)
- Anzahl Rücksendungen (ganze Zahlen)
- Maß in mm (kontinuierlich dezimal unterteilbar, z. B. 4,371 mm)
- Zeit in s (kontinuierlich dezimal unterteilbar)
- Druck in bar (kontinuierlich dezimal unterteilbar)

Für qualitative Daten werden Abweichungen meist angegeben als

- Anzahl nicht vorgabegemäßer Ergebnisse (z. B. nicht in Ordnung) oder
- Anteil nicht vorgabegemäßer Ergebnisse an den Gesamtergebnissen.

Um eine breite Vergleichbarkeit zu sichern, ist die Angabe des Abweichungsanteils in Prozent, Promille oder Part per Million ppm (Teile/Fälle pro Million) in der Regel geeigneter als die Anzahl der Abweichungen.

Beispiel für qualitative Daten:

Ein Callcenter erfasst automatisch die Anzahl eingehender Anrufe. Als maximale Wartezeit sind 3 Minuten vorgegeben. Anrufe mit einer längeren Wartezeit werden automatisch registriert. Am Tagesende sind 12 von insgesamt 375 Anrufen mit Überschreitung der Wartezeit

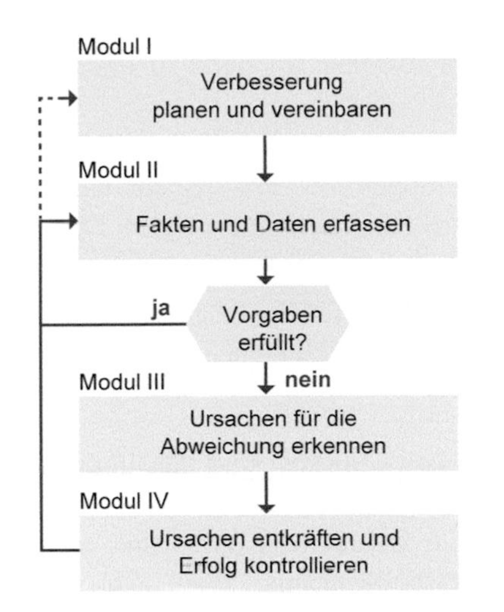

Abb. 3.8 Kurzinformationen zu den Werkzeugen

registriert. Der Anteil nicht vereinbarungsgemäßer Ergebnisse beträgt:

$$12 : 375 \times 100 = 3{,}2\ \% = 32\ ‰ = 32.000\ \text{ppm}$$

Aus diesen Ergebnissen ist allerdings nicht rekonstruierbar, wie weit vom Zielwert abgewichen wurde.

Für quantitative Daten können Abweichungen ebenso wie für qualitative Daten angegeben werden. Zusätzlich sind jedoch auch Angaben zur Höhe der Abweichungen möglich.

Beispiel für quantitative Daten:

Ein Callcenter erfasst automatisch die Anzahl und die Dauer aller eingehenden Anrufe. Als maximale Wartezeit sind 3 Minuten vorgegeben. Am Tagesende ergibt die Auswertung, dass bei 12 von insgesamt 375 Anrufen die vorgegebene Wartezeit überschritten wurde. Zusätzlich zum vorangegangenen Beispiel mit qualitativen Daten kann jetzt noch angegeben werden, wie weit die Wartezeit im Einzelfall und im Durchschnitt überschritten wurde, z. B:

- 12 Wartezeitüberschreitungen von 0,25 bis 6,5 Minuten
- durchschnittliche Wartezeitüberschreitung 2,4 Minuten

Aus quantitativen Daten können mehr Informationen gewonnen werden als aus qualitativen. Dafür ist die Erfassung quantitativer Daten häufig aufwendiger. In welcher Form die Abweichung erfasst und angegeben werden sollte, muss deshalb von Fall zu Fall entschieden werden.

Wenn bereits mehrere Daten zur Abweichung aus der Vergangenheit bekannt sind, kann auch ein „Zeitverlaufsdiagramm“ erstellt werden, das Auskunft über den zeitlichen Verlauf der Abweichung gibt und in dem eventuelle Trends erkennbar sind. Falls 20 oder mehr Werte vorliegen, kann das Zeitverlaufsdiagramm durch Einzeichnen des Medians (mittlerer Wert, nicht Mittelwert der Abweichung) in ein „Medianzyklusdiagramm“ (MZD) umgewandelt werden. Das MZD erlaubt Rückschlüsse, ob Schwankungen der Abweichung zufallsbedingt oder auf außergewöhnliche Ereignisse (Störgrößen) zurückzuführen sind.

Spätestens im Rahmen dieses Arbeitsschrittes sollte auch untersucht werden, ob es sinnvoll ist, die Beschreibung der Abweichung weiter zu detaillieren. Beispielsweise können Abweichungen vom Soll-Maß oder der geplanten Bearbeitungsdauer als Sammel- oder Durchschnittswert über alle Produkte oder Produktfamilien angegeben werden. Es kann jedoch auch eine Untergliederung nach Produkten vorgenommen und/oder nur ausgewählte Produkte – z. B. solche mit auffällig hohen Abweichungen oder Abweichungen größer als x % – berücksichtigt werden.

Beispiel:

Für eine Baureihe mit den Produkten A, B, C, D, E, F, G und H beträgt der Anteil verspäteter Lieferungen an den Kunden 3 %. Für die Produkte F und H im Einzelnen jedoch 8 % und 12 %. Gegebenenfalls reicht künftig eine Messung nur dieser beiden Produkte aus.

Abschluss dieses Arbeitsschrittes ist die Bestimmung der Kosten und sonstiger Nachteile, welche die Abweichungen im Unternehmen verursachen. Informationen darüber sollten im Verbesserungsteam bekannt sein.

Ergebnisse dieses Arbeitsschrittes sind aktuelle Abweichungswerte, eventuell deren Verlauf, die dadurch verursachten Kosten und sonstigen Nachteile, die in die Verbesserungsvereinbarung eingetragen werden.

3.4.1.4 Unternehmensabläufe und Einflussfaktoren „einkreisen", welche die Abweichung verursachen könnten

Im Laufe der Verbesserungsaktivitäten werden die Abläufe oder Ablaufschritte dargestellt, die mit der Abweichung in Verbindung stehen. Entscheidend ist, dass dieses Bild beschreibt, wie tatsächlich gearbeitet wird und nicht wie vermeintlich gearbeitet wird.

Den Ursprung bildet eine übergeordnete grobe Ablaufbeschreibung, die in diesem Schritt erstellt und anschließend bei Bedarf weiterentwickelt und verfeinert werden kann. Hierdurch ist sichergestellt, dass alle Beteiligten eine einheitliche Vorstellung vom Gesamtablauf bekommen und keine wichtigen Ablaufschritte übersehen werden. Auch wichtige Lieferanten und Eingangsgrößen, Kunden und Ausgangsgrößen, sowie bekannte, dauernd oder häufig wiederkehrende Schwierigkeiten bei den einzelnen Schritten werden festgehalten.

Je nach Abweichung und dem Stand der Vorarbeiten kann der Detaillierungsgrad dieser Darstellung unterschiedlich sein.

Diese Art der Darstellung wird auch „SIPOC" genannt. SIPOC steht dabei für „Supplier, Input, Process, Output, Customer" (Lieferant, Eingang, Prozess, Ausgang, Kunde). Eine Vorlage hierzu ist als Werkzeug „Ablauf-Grobdarstellung" im Begleitmaterial hinterlegt. Die damit erstellte Beschreibung kann später der Verbesserungsvereinbarung als Anlage hinzugefügt werden.

Ergebnis dieses Schrittes ist die Ablauf-Grobdarstellung mit Ein- und Ausgängen, deren Kunden und Lieferanten und ggf. bekannten Problemen der einzelnen Ablaufschritte. Darin bestimmt das Team diejenigen Schritte, in denen aus Sicht der Teammitglieder die Abweichungen vermutlich verursacht werden und die deshalb Schwerpunkte der weiteren Arbeit bilden sollten.

3.4.1.5 Umfang, Ziele und Organisation der Verbesserungsaktivitäten planen

In diesem Arbeitsschritt wird die Planung konkretisiert. Aufbauend auf den Ergebnissen des vorigen Schrittes wird festgelegt, welche Ablaufschritte zunächst Schwerpunkte der Verbesserungsaktivitäten bilden. Außerdem wird ein erstes Verbesserungsziel vereinbart. Dieses Ziel sollte sowohl anspruchsvoll als auch erreichbar sein, um einen möglichst großen Nutzen für das Unternehmen zu erreichen und die Motivation für die Verbesserungsarbeit aufrechtzuerhalten. Zweckmäßig ist, sich dabei an den Werten anderer vergleichbarer interner oder externer Bereiche zu orientieren (Benchmarking).

Die bei Zielerreichung möglichen Kostensenkungen und sonstigen Verbesserungen für Prozessbeteiligte und Kunden werden beschrieben. Weiterhin werden Prozesseigner, Bearbeiter und Mitglieder des Verbesserungsteams festgehalten. Für die Bearbeitung der vier Module werden Termine bestimmt, wobei Überlappungen zulässig sein können. Grundsätzlich ist ein Gesamtzeitrahmen von 4 bis 6 Monaten anzustreben.

Ergebnisse dieses Arbeitsschrittes sind Abstimmungen und Festlegungen zu inhaltlichen Schwerpunkten (Abläufe oder Ablaufschritte), zum Bearbeiter/Koordinator, zu den Mitgliedern des Verbesserungsteams, dem Ziel sowie den erwarteten Ersparnissen und weiteren Vorteilen. Die Ergebnisse werden in der „Verbesserungsvereinbarung" festgehalten.

3.4.1.6 Erfolgschancen und Risiken prüfen

Zweck dieses Schrittes ist es, die bisherigen Festlegungen noch einmal zu prüfen. Auch wenn dies unnötig erscheint, muss bedacht werden, dass unvollständige oder fehlerhafte Planungen zu einer Verschwendung wertvoller Ressourcen führen, während die Abweichungen, die Unternehmen und Mitarbeiter belasten, weiterhin bestehen bleiben.

Es wird reflektiert, wer in welcher Weise von den Verbesserungsaktivitäten betroffen ist, welche Einstellung zu den Aktivitäten deshalb bei diesen Personen zu erwarten ist und wie damit umgegangen werden soll.

Wichtig ist auch, zu hinterfragen, ob die vermuteten Abweichungsursachen im Einflussbereich des Verbesserungsteams und des Prozesseigners liegen. Ist dies nicht der Fall, kann die Verbesserung nicht aktiv vorangetrieben werden und endet vielleicht nur mit einem „Fingerzeig" auf andere, die „etwas tun müssten".

Als Werkzeuge stehen für diesen Arbeitsschritt im Begleitmaterial das hierauf abgestimmte Fragenblatt „Chance-Risiko-Betrachtung" sowie die „Bewertungstabelle für Verbesserungsvorhaben" zur Verfügung. Letztere ist eine Entscheidungshilfe, falls mehr Ideen für Verbesserungsvorhaben bestehen, als verfolgt werden können.

Ergebnisse dieses Arbeitsschrittes sind eine Übersicht der benötigten Akteure und ihrer vermutlichen Einstellung zur geplanten Verbesserung, der Chancen und Risiken und eine erste Prüfung der Umsetzbarkeit. Diese Informationen werden der „Verbesserungsvereinbarung“ als Anlagen hinzugefügt.

3.4.1.7 Verbesserungsvereinbarung abschließen

Die einzelnen Punkte der Verbesserungsvereinbarung wurden in den vorigen Arbeitsschritten dieses Moduls bereits konkretisiert und ausgefüllt. Den Abschluss des Moduls „Verbesserung planen und vereinbaren“ bildet die Unterzeichnung der Verbesserungsvereinbarung durch Bearbeiter/Koordinator und Ablaufverantwortliche. Hierdurch wird die gemeinsam erarbeitete und abgestimmte Grundlage dokumentiert. Die Mitglieder des Verbesserungsteams und die übrigen Mitarbeiter werden über den Inhalt der Vereinbarung informiert.

Der Abschluss der Vereinbarung durch Unterschrift ist empfehlenswert. Sollte darauf verzichtet werden, müssen die einzelnen Punkte der Vereinbarung jedoch unbedingt gemeinsam erarbeitet werden.

3.4.2 Modul II: Fakten und Daten erfassen

Dieses Modul umfasst eine Detaillierung der Ablaufbeschreibung sowie die Sammlung und Gewichtung möglicher Einflussfaktoren auf die Abweichung. Insbesondere für diese Schritte ist eine breite Einbeziehung und Mitwirkung der Mitglieder des Verbesserungsteams sehr sinnvoll. Die Wirkung der aus Sicht des Teams wichtigsten Einflussfaktoren wird im folgenden Modul untersucht. Die Erfassung der hierzu erforderlichen Daten wird in diesem Modul geplant und durchgeführt sowie die Fähigkeit des Messsystems geprüft.

Auch dieses Modul kann die Geduld der Akteure überfordern. „Wissen wir doch alles schon!“, „Wir müssen jetzt schnell etwas unternehmen!“ sind typische Aussagen hierzu.

Allerdings sind vollständige und zuverlässige Fakten und Daten die Grundlage dafür, im folgenden Modul die wichtigsten Abweichungsursachen eindeutig zu erkennen. Viele Verbesserungsbestrebungen scheitern daran, dass die Akteure davon überzeugt sind, die Abweichungsursachen bereits genau zu kennen. Falls jedoch tatsächlich andere oder weitere Ursachen die Abweichung verursachen, bleiben Erfolge aus und die Motivation auf der Strecke. Das Verbesserungsvorhaben bleibt „stecken“ und übt als erfolgloses Beispiel eine blockierende Wirkung aus.

Ergebnis dieses Moduls sind zuverlässige Fakten und Daten zur Abweichung und deren vermutlichen Ursachen.

3.4.2.1 Verbesserungsvereinbarung abgeschlossen?

Der erste Arbeitsschritt dieses Moduls dient der Kontrolle, ob die fortschrittsrelevanten Ergebnisse des vorigen Schrittes vorliegen. Die Abweichung muss definiert, eine Messgröße dafür festgelegt und die Verbesserungsvereinbarung erstellt und abgeschlossen sein.

3.4.2.2 Ablaufdiagramm erstellen und Faktoren bestimmen, deren Einfluss untersucht werden soll

Dieser Arbeitsschritt dient dazu, die erstellten Ablauf-Grobdarstellungen – und hierin insbesondere die vom Team als erste Arbeitsschwerpunkte bestimmten Ablaufschritte – bei Bedarf zu detaillieren. Dabei werden diejenigen Faktoren bestimmt, die aus Sicht des Teams starken Einfluss auf das Entstehen der Abweichung haben.

Der Detaillierungsgrad kann dabei bis auf die Arbeitsplatzebene reichen. Bei der Detaillierung kommt es darauf an, nicht flächendeckend, sondern nur an den Stellen, die für die Entstehung der Abweichung von Bedeutung sein könnten, in die Tiefe zu gehen. Eine umfangreiche Detaillierung ist nicht immer zwingend erforderlich, siehe Beispiel in Abb. 5.8 und 5.10.

Die detaillierten Ablaufschritte werden im Diagramm als Rechtecke dargestellt und mit einem Haupt- und Tätigkeitswort beschrieben, z. B. „Jahresplanung durchführen“ oder „Bohrungsdurchmesser kontrollieren“. Dabei sind die Ablaufschritte eindeutig bestimmten Verantwortlichen oder Verantwortungsbereichen zugeordnet, siehe Beispiel in Abschn. 3.5.1. Andere wesentliche Elemente von Ablaufdiagrammen, die im Rahmen des Leitfadens genutzt werden, sind Start- und Stopppunkt, Sprünge und Ja/nein-Verzweigungen. Weitere Symbole sind in der DIN 66001, Sinnbilder für Datenflusspläne, festgelegt.

Als Werkzeug steht hierfür im Begleitmaterial das „Ablaufdiagramm“ zur Verfügung, das Kopiervorlagen der Ablaufelemente enthält. Diese Vorlage dient in erster Linie der abschließenden Dokumentation von Ablaufdetails, nicht deren gemeinsamer Erarbeitung. Zur gemeinsamen Entwicklung im Team reichen Klebezettel, Packpapier, Filzstift, eine Wand und ein Fotoapparat. Damit können Ablaufdiagramme schnell und flexibel im Team erarbeitet werden. Die Teilnehmer machen dabei oft die Erfahrung, dass in der Runde unterschiedliche Vorstellungen vom Ablauf bestehen und diese außerdem häufig nicht dem tatsächlichen Ablauf entsprechen. Gegebenenfalls ist auch ein Digitalfoto der Teamergebnisse als Dokumentation ausreichend. Im Internet findet sich zudem eine breite Auswahl freier oder kommerzieller Software, welche die Darstellung, Analyse und Gestaltung von Abläufen unterstützt.

Über das detaillierte Ablaufdiagramm hinaus können für wichtige Ablaufschritte weitere Informationen zusammengestellt werden:

- Eingangs- und Einflussgrößen (kontrollierbare und Störgrößen) Ausgangsgrößen, und deren Sollwerte,

- Anteil der Ergebnisse, die den Sollwerten entsprechen (Wirkungsgrad oder Erfolgsquote des Schrittes),
- Anteil unbrauchbarer oder nachzuarbeitender Ergebnisse intern (im Unternehmen) oder extern (beim Kunden) entdeckt,
- durchschnittliche Zykluszeit je Schritt.

Diese Daten sind in der Regel nicht vollständig verfügbar oder ermittelbar. Es ist auf jeden Fall lohnend, die hierzu vorliegenden Informationen im Team zusammenzustellen. Auf diese Weise erhält das Team Einblick in die Schritte des Ablaufs und deren Effektivität. Vor allem Wirkungsgrade und durchschnittliche Zykluszeiten liefern Hinweise auf Schritte, in denen Verschwendung auftritt und die zur Entstehung von Abweichungen beitragen. Wie viel Zeit und Aufwand investiert werden sollte, um fehlende Informationen zu ergänzen, muss von Fall zu Fall abgewogen werden.

Die oben genannten Informationen werden nicht in das Ablaufdiagramm eingetragen, sondern können – je Ablaufschritt – in einer dem Ablaufdiagramm zugeordneten Tabelle dokumentiert werden. Es sollten außerdem die eindeutig wertschöpfenden Ablaufschritte im Diagramm gekennzeichnet werden (siehe hierzu auch Tabellenblatt „ Beschreibung und Anwendung“ des Werkzeuges „Ablaufdiagramm“).

Als Ergebnis dieses Arbeitsschrittes liegt ein detailliertes Ablaufdiagramm und in der Regel eine Vielzahl möglicher Einflussgrößen vor, deren tatsächlicher Einfluss jedoch noch zu prüfen ist. Das kann erheblichen Aufwand verursachen. Um diesen möglichst zu begrenzen, werden zunächst nur die aus Sicht des Teams wahrscheinlichsten Einflussgrößen untersucht. Dazu sortiert das Team die Einflussgrößen nach vermuteter Wichtigkeit. Ziel dieser Vorauswahl ist nicht, die Einflussgrößen bereits endgültig festzulegen, sondern lediglich abzustimmen, welche zuerst gemessen und untersucht werden sollen.

Als Werkzeug für die Gewichtung der Einflussgrößen steht im Begleitmaterial die „Ursache-Wirkungs-Tabelle“ zur Verfügung. Alternativ können die Einflussfaktoren auch im Rahmen eines Brainstormings vom Team gesammelt und in einem „Ishikawa-„ oder „Fischgrätdiagramm“ nach den Bereichen Mensch, Maschine, Umwelt, Methode, Material strukturiert werden. Zur Gewichtung eignen sich auch einfache Maßnahmen, wie Abstimmung oder die Vergabe von Klebepunkten durch die Teammitglieder.

Bei Unstimmigkeiten in der Gewichtung möglicher Abweichungsursachen kann auch der ebenfalls verfügbare „Paarweise Vergleich“ genutzt werden.

Als Sofortmaßnahme kann für die Ablaufschritte, in denen aus Sicht des Teams wichtige Einflussfaktoren auftreten, auch eine Prozess-FMEA (Fehlermöglichkeits- und Einfluss-Analyse) durchgeführt werden. Dabei untersucht das Team, was in diesen Ablaufschritten „schief“ gehen könnte, wie wahrscheinlich das ist, welche Konsequenzen das für interne und externe Kunden hätte, ob auftretende Fehler rechtzeitig erkannt werden könnten und welche Gegenmaßnahmen ergriffen werden könnten. Aufgrund der hohen Komplexität gehört die FMEA nicht zum Umfang dieses Leitfadens.

3.4.2.3 Gibt es bereits auswertbare Daten?

Bevor neue Messwerte aufwendig erhoben werden, lohnt die Prüfung, ob Messwerte aus der Vergangenheit verfügbar sind. Neben Werten für die Abweichung müssen auch Werte für die zu untersuchenden Einflussfaktoren gleichzeitig erfasst worden sein, damit die folgenden Arbeitsschritte durchführbar sind. Außerdem müssen diese Daten auch unter für den aktuellen Zustand repräsentativen Umständen gemessen worden sein.

Meist sind alte Messwerte nur zu den Abweichungen verfügbar, nicht jedoch zu den Einflussgrößen, deren Wirkung das Team untersuchen möchte. Dann sind neue Messungen erforderlich.

3.4.2.4 Regelmäßige Messung der Abweichung einrichten und Messung der Einflussfaktoren planen

Falls noch nicht vorhanden, wird spätestens in diesem Arbeitsschritt ein dauerhaftes Messsystem eingerichtet, das kontinuierlich – nicht nur auf Anforderung – die Abweichung misst und dokumentiert.

In den vorhergehenden Arbeitsschritten hat das Team festgelegt, welche Einflussfaktoren weiteruntersucht werden. In diesem Schritt wird geplant, was dafür unter welchen Bedingungen, womit, wie oft und warum gemessen werden soll. Dazu muss klar sein, welche Schlüsse später aus den Messwerten gezogen werden sollen.

Beispiele:

- Ein Unternehmen hat deutschlandweit acht Bürostandorte. Es soll geklärt werden, ob der Faktor Standort einen Einfluss auf die Bearbeitungsdauer von Angebotsunterlagen und die Auftragshäufigkeit hat und ggf. welchen.
- Ein Unternehmen produziert ein Frästeil auf vier unterschiedlichen Fertigungsmaschinen in drei Schichten mit drei unterschiedlichen Werkzeugen. Zu klären ist, ob Maschine, Schicht und/oder Werkzeug Einfluss auf die Oberflächengüte haben und ggf. welchen.

Daraus wird abgeleitet, welche Ergebnisse und Einflussfaktoren wie oft zusammen gemessen werden müssen. Für die oben genannten Beispiele kann das wie folgt aussehen:

- An jedem Bürostandort werden für die drei Kernprodukte des Unternehmens Bearbeitungsdauer und Auftragshäufigkeit von jeweils 25 Angeboten ermittelt.

- Je Maschine, Schicht und Werkzeug wird die Oberflächengüte von insgesamt jeweils 50 Frästeilen gemessen. Insgesamt müssen dazu 4 (Maschinen) × 3 (Schichten) × 3 (Werkzeuge) × 50 (Werkstücke/Maschine/Schicht/Werkzeug) = 1800 Werkstücke untersucht und die jeweilige Kombination der Einflussfaktoren festgehalten werden.

Als Werkzeug für eine systematische Planung der Datenerfassung steht im Begleitmaterial der „Datenerfassungsplan" zur Verfügung.

Das Spektrum möglicher Messmittel, die eingesetzt werden können, ist sehr weit und nicht Gegenstand dieses Leitfadens. Es umfasst zum Beispiel:

- einfachste Messmittel für Maße (Bandmaß, Zollstock, Lineal …)
- vollautomatische Messsysteme für Maße, Oberflächengüten und sonstige Eigenschaften
- Fragebogen zur Erfassung der Kundenzufriedenheit
- EDV-gestützte Auswertungen von PPS-Systemen zur Bestimmung von Bearbeitungs- und Durchlaufzeiten
- EDV-gestützte Auswertungen von Kostenrechnungssystemen zur Bestimmung der Höhe bestimmter Kosten
- Strichlisten zur Ermittlung der Häufigkeit bestimmter Ereignisse
- Begleitblätter, die Werkstücke oder Unterlagen im Durchlauf begleiten und in die beispielsweise Ursachen für Verzögerungen und deren Dauer eingetragen werden

Insbesondere die technisch aufwendigen Messmittel können hier nicht behandelt werden. Als praktische Messmittel, die – auch in administrativen Abläufen – schnell und mit wenig Aufwand bislang unbekannte Einblicke und Informationen bieten können, sind an dieser Stelle noch einmal „Strichlisten" und „Begleitblätter" hervorzuheben.

Mit Strichlisten kann an bestimmten Orten oder in bestimmten Bereichen die Häufigkeit bestimmter Ereignisse, wie Störungen, Verzögerungen, Rückfragen, Stillstände etc., und ggf. deren Dauer erfasst werden. Begleitblätter können beispielsweise Werkstücken, Fertigungslosen oder Unterlagen im Durchlauf beigefügt werden. Mit ihrer Hilfe können im Verlauf der Bearbeitung auftretende Probleme oder ungeplante Ereignisse, wie Störungen, Verzögerungen, Rückfragen, Reparaturen, Sonderarbeiten etc., und ggf. deren Dauer festgehalten werden. Nach dem Ende des geplanten Erfassungszeitraumes müssen die Einzeldaten aller Begleitblätter zusammengefasst werden. Dadurch können Aussagen über den Gesamtablauf getroffen werden.

Strichlisten und Begleitblätter müssen fallspezifisch gestaltet werden und unter anderem die bisher vom Team vermuteten Haupteinflussfaktoren sowie die gewählten Auswertungszeiträume berücksichtigen. Die im Begleitmaterial zur Verfügung gestellten Vorlagen „Strichliste" und „Begleitblatt" müssen entsprechend angepasst werden.

Als „Messmittel", das speziell zur Erfassung der Zeiten und Wege in Produktionsprozessen geeignet ist, wird im Begleitmaterial auch eine „Materialflussanalyse" (angelehnt an die REFA-Materialflussanalyse) zur Verfügung gestellt, die hilft zu erfassen, welche nicht wertschöpfenden/wertschöpfenden Arbeitsschritte auftreten sowie welche Zeiten und Wege dabei anfallen. Diese Erfassungen liefern unter anderem Hinweise auf Arbeitsschritte mit besonders hohem Verbesserungspotenzial.

Ergebnisse dieses Arbeitsschrittes sind ein dauerhaft eingerichtetes Messsystem zur zuverlässigen Erfassung der Abweichung und ein Plan zur Erfassung der Daten, die für die Untersuchung der vom Team favorisierten Einflussfaktoren erforderlich sind.

3.4.2.5 Messsystem fähig?

In diesem Schritt wird untersucht, ob das Messsystem zuverlässige Daten liefert. Üblicherweise gehen wir davon aus, dass gemessene Werte genau der Realität entsprechen. Das gilt vor allem für automatisierte Messsysteme. Tatsächlich enthalten gemessene Werte immer auch durch das Messsystem verursachte Fehler, deren Größenordnung bekannt sein sollte.

Der Begriff Messsystem ist sehr vielseitig und soll deshalb an dieser Stelle konkretisiert werden. Ein Messsystem kann sein

- ein oder mehrere Mitarbeiter, die mit einem Messmittel quantitative Daten ermitteln (z. B. Zeiten, Maße, Massen, Temperaturen, Konzentrationen …),
- ein oder mehrere Mitarbeiter, die mit einem Messmittel, z. B. Lehre, qualitative Daten ermitteln (z. B. gut oder schlecht usw.),
- ein oder mehrere Mitarbeiter, die bestimmte Ursachen Abweichungen – z. B. über einen Ursachenschlüssel – zuordnen (z. B. Maschinenstillstand wegen technischer Ursachen, Personalmangel usw.),
- Messeinrichtungen, die kontinuierliche oder diskrete Werte automatisch ermitteln,
- Auswertungsprogramme, die beispielsweise Daten eines ERP- bzw. PPS-Systems auswerten, um die durchschnittliche Bearbeitungsdauer einer Auftragsposition in einer Abteilung je Zeitraum o. Ä. zu bestimmen.

Es ist leicht vorstellbar, auf welch vielseitige Art und Weise Fehler in diesen Messsystemen entstehen können, welche die Brauchbarkeit der Ergebnisse infrage stellen.

Fehler oder eine vom Messsystem verursachte Variation äußern sich z. B. darin, dass Messwerte vom gleichen oder von anderen Prüfern oder von automatisierten Einrichtungen unter gleichen Rahmenbedingungen nicht reproduziert werden können. Ebenso können Messwerte systematisch von tatsächlichen Werten abweichen.

Am Beispiel des instrumentengestützten Landeanfluges im Flugverkehr bei schlechten Sichtbedingungen wird deutlich, wie wichtig zuverlässige Messwerte sind. Die Konsequenzen einer falsch gemessenen Flughöhe wären fatal. Bei Verbesserungsaktivitäten führen falsche Messwerte zwar in der Regel nicht zu lebensbedrohlichen Konsequenzen, aber unerkannte fehlerhafte Messwerte können dazu führen, dass falsche Abweichungsursachen ermittelt sowie, daraus folgend, falsche Maßnahmen geplant und umgesetzt werden. Ohnehin knappe Ressourcen werden dann für die Umsetzung nutzloser oder vielleicht sogar schädlicher Maßnahmen verschwendet.

Als Werkzeuge zur Beurteilung der Fähigkeit von Messsystemen stehen im Begleitmaterial verschiedene Excel-Dateien zur Verfügung. Diese Dateien helfen bei einer ersten Beurteilung von Messsystemen, ohne dass statistisches Hintergrundwissen erforderlich ist. Gemessene Daten werden dazu in Excel-Tabellen eingegeben und hieraus Angaben zur Güte des Systems automatisch ermittelt und angegeben.

Diese Werkzeuge sollen unterstützen, erste Eindrücke zur Tauglichkeit eines Messsystems zu erhalten, auch wenn keine geschulten Spezialisten oder umfangreiches Hintergrundwissen zur Verfügung stehen. Sie sind kein Ersatz für professionelle Werkzeuge und Expertenwissen.

Im Einzelnen stehen im Begleitmaterial Messsystemanalysen (MSA) für kontinuierliche Daten, die manuell oder automatisch ermittelt werden können, sowie eine Messsystemanalyse für attributive Daten zur Verfügung: „MSA quantitativ automatisch", „MSA quantitativ manuell" und „MSA qualitativ".

Auch Einträge in Strichlisten und Begleitblättern oder Auswertungsprogramme sollten auf ihre Zuverlässigkeit überprüft werden. Wenn Mitarbeiter ein unterschiedliches Verständnis bei der Ursachenzuordnung von Fehlern haben, sind die Ergebnisse von Fehlersammellisten nutzlos und ggf. irreführend. Die Zuverlässigkeit kann in solchen Fällen durch Nachvollziehen von etwa 30 stichprobenartig ausgewählten Fällen oder durch die „MSA qualitativ" überprüft werden.

Ergebnis dieses Schrittes ist eine Aussage darüber, ob das Messsystem zuverlässige Daten liefert oder nicht.

3.4.2.6 Daten zur Abweichung und den gewählten Einflussfaktoren wie geplant erfassen

Nach der Planung der Datenerhebung und der Prüfung des Messsystems in den vorigen Schritten werden in diesem Schritt die Daten mit den vorbereiteten Messmitteln planmäßig erhoben.

Hierbei müssen unter Umständen viele Akteure, die bei der Planung nicht beteiligt waren, einbezogen werden, wie z. B. Mitarbeiter, die im Dreischichtbetrieb rund um die Uhr Anlagenparameter ablesen und dokumentieren sollen. Um abzusichern, dass im Sinne der Planung gemessen wird, müssen ggf. Messanweisungen und Dateien oder Erfassungsblätter für eine zuverlässige und nachvollziehbare Datendokumentation bereitgestellt und Einweisungen durchgeführt werden. Diese müssen fallspezifisch erstellt werden.

Ergebnisse dieses Arbeitsschrittes sind zuverlässige und planmäßig erfasste Daten.

In diesem Schritt kann unter Nutzung der inzwischen erhobenen aktuellen und zuverlässigen Daten die aktuelle Abweichung ermittelt und angegeben werden, falls dies noch nicht erfolgt ist. Die Abweichung sollte so bestimmt und angegeben werden, wie dies in Modul I festgelegt wurde. Dabei können beispielsweise Anzahl oder Anteil der Abweichungen, der durchschnittliche Wert der Abweichung oder die Prozessfähigkeit (Fähigkeit des Prozesses, Vorgaben und Anforderungen zu erfüllen) bestimmt und angegeben werden, siehe Abschn. 3.4.1.2 und 3.4.1.3.

3.4.3 Modul III: Ursachen für die Abweichung erkennen

Dieses Modul umfasst Untersuchungen der Abweichung und ihrer Schwankungen, die Darstellung des Zusammenhanges zwischen Abweichungen und Einflussfaktoren und ggf. statistische Nachweise darüber, welche Faktoren einen besonders starken Einfluss haben.

Genau wie das vorherige Modul scheint auch dieses in der Betriebspraxis oft überflüssig und unnötig. Es sollte jedoch sorgfältig durchgeführt werden, weil Fehleinschätzungen der relevanten Ursachen zur Planung wirkungsloser oder vielleicht sogar schädlicher Maßnahmen und somit zur Verschwendung von Ressourcen und zum Verlust von Vertrauen und Motivation führen können.

Wertvolles Ergebnis dieses Moduls ist eine Liste der tatsächlich relevanten Abweichungsursachen. Knappe Ressourcen können zielführend auf diese konzentriert werden. Die Chancen auf eine schnelle Verbesserung werden hierdurch deutlich erhöht.

3.4.3.1 Zuverlässige Daten vorhanden?

Der erste Arbeitsschritt dieses Moduls dient der Kontrolle, ob die fortschrittsrelevanten Ergebnisse des vorigen Schrittes vorliegen. Die für die folgenden Auswertungen benötigten Daten, deren Erhebung im vorigen Schritt geplant und durchgeführt wurde, müssen verfügbar und mit einem zuverlässigen Messsystem ermittelt worden sein.

3.4.3.2 Abweichungen und deren Schwankungen darstellen und untersuchen

Dieser Schritt dient dazu – falls möglich – den zeitlichen Verlauf bzw. die Verteilung der Abweichung oder der Ablaufergebnisse darzustellen und hieraus Erkenntnisse über die auftretende Variation sowie deren Ursachen zu gewinnen. Voraussetzungen dafür sind, dass

- Werte der Abweichung von verschiedenen Zeitpunkten bzw.
- Stichproben der Abweichung oder der Ablaufergebnisse
- vorliegen.

Falls Vergangenheitswerte der Abweichung zur Verfügung stehen, können diese ggf. zusammen mit der aktuellen Abweichung als „Zeitverlaufsdiagramm“ dargestellt werden, welches die zeitliche Entwicklung der Abweichung und eventuelle Trends wiedergibt.

Wenn mehr als ca. 20 Werte vorliegen, kann das Zeitverlaufsdiagramm durch Einzeichnen des Medians (mittlerer Wert, nicht Mittelwert der Abweichung) in ein „Medianzyklusdiagramm“ (MZD) umgewandelt werden. Das MZD erlaubt Rückschlüsse, ob Schwankungen der Abweichung im zufallsbedingten Bereich liegen oder auf außergewöhnliche Ereignisse (Störgrößen) zurückzuführen sind.

Falls der Einfluss außergewöhnlicher Ereignisse erkennbar ist, müssen diese zunächst ermittelt und beseitigt werden. Danach ist zu prüfen, ob die Vorgaben dadurch erreichbar sind. Wenn die Schwankungen ausschließlich im zufallsbedingten Bereich sind und die Vorgaben nicht erreicht werden, bedeutet dies, dass das System (der Ablauf) in seiner bestehenden Form den Anforderungen nicht gerecht werden kann und einzelne oder mehrere Komponenten verändert werden müssen.

Die „Statistische Prozessregelung“ (SPC) bietet mit den sogenannten oberen und unteren Eingriffsgrenzen darüber hinaus konkrete quantitative Informationen über den Bereich der zufallsbedingten Veränderlichkeit des Ablaufs. Werte außerhalb dieses Bereichs sind Hinweise darauf, dass außergewöhnliche Einflüsse im Ablauf wirksam sind. Das Werkzeug SPC ist jedoch zu umfangreich und komplex, um es im Rahmen dieses Leitfadens zur Verfügung zu stellen.

Das Begleitmaterial enthält zahlreiche Werkzeuge, mit denen die Streuung oder die Verteilung von Daten dargestellt, untersucht und beschrieben werden kann, wie „Kastendiagramm“ (Boxplot), „Häufigkeitsdiagramm“ (Histogramm) und „Statistische Kenngrößen“. Häufigkeitsdiagramm und statistische Kennwerte sind als „Histogramm“ und „Populationskenngrößen“ in den Analyse-Funktionen von Excel enthalten.

Diese Werkzeuge geben Aufschluss über die Verteilung von Daten, minimale und maximale oder häufig auftretende Werte. Besonders niedrige Abweichungen geben Hinweise darauf, welches Abweichungsniveau mit dem bestehenden Ablauf prinzipiell erreichbar ist und welche Potenziale vorhanden sind.

Den „Statistischen Kenngrößen“ können noch weiterführende Informationen über den Ablauf entnommen werden. Mithilfe des Vertrauensintervalls kann anhand der Kenngrößen von Stichproben, die untersucht wurden, auf die Kenngrößen der Grundgesamtheit geschlossen werden. Die Grundgesamtheit umfasst alle Ablaufergebnisse. Sie kann aufgrund der meist sehr hohen Anzahl von Werten in der Regel nicht vollständig gemessen werden. Deshalb werden gewissermaßen stellvertretend Stichproben untersucht. Es ist naheliegend, dass zuverlässige Schlussfolgerungen von Stichproben auf die Grundgesamtheit für die richtige Beurteilung der Situation und damit für erfolgreiche Verbesserungen von großer Bedeutung sind.

Falls möglich sollten ausgewählte Kenngrößen (Minimum, Maximum, Mittelwert, Streuung, Median, und ggf. andere) auch denjenigen prinzipiell vergleichbarer interner und externer Bereiche gegenübergestellt werden, um Hinweise auf erschließbare Potenziale zu erhalten.

Der ebenfalls verfügbare „Normalverteilungstest“ gibt Auskunft darüber, ob Daten normal verteilt sind. Die Normalverteilung von Daten ist eine Voraussetzung für die spätere Anwendung statistischer Tests und von Bedeutung für die Interpretation statistischer Kenngrößen.

Ergebnisse dieses Arbeitsschrittes sind Darstellungen und Interpretationen des zeitlichen Verlaufs und der Streuung der Abweichung oder von Ablaufergebnissen (z. B. Häufigkeits-, Kasten-, Zeitverlaufs- und Medianzyklusdiagramme).

3.4.3.3 Zusammenhang von Abweichungen und Einflussfaktoren darstellen und untersuchen

In diesem Schritt werden die in Modul II erfassten Daten der Abweichung oder der Ablaufergebnisse und der jeweils vorliegenden Einflussfaktoren ausgewertet. Dabei wird untersucht, ob zwischen den Einflussfaktoren und der Abweichung klar erkennbare Zusammenhänge bestehen. Werkzeuge, wie „Häufigkeits-, Kasten-, Zeitverlaufs-, Paretodiagramm“ oder Prozessfähigkeitsuntersuchungen, unterstützen dabei.

Sie liefern rasch einen guten Überblick zu Verteilung und Kennwerten der Daten und werden für jeweils unterschiedliche Zustände der Einflussgrößen erstellt und verglichen.

In Abb. 3.9 sind als Beispiel die gemessenen Durchlaufzeiten für die Bearbeitung von Angeboten für ein bestimmtes Produkt von zwei verschiedenen Standorten eines Unternehmens in Form von Kastendiagrammen gegenübergestellt. Dabei wurden je Standort die Zeiten für jeweils 50 Angebote ermittelt. Daraus ist erkennbar, dass Standort B kürzere und gleichmäßigere Durchlaufzeiten hat. Aufbau und Erstellung von Kastendiagrammen sind in Abschn. 3.5 ausführlich beschrieben.

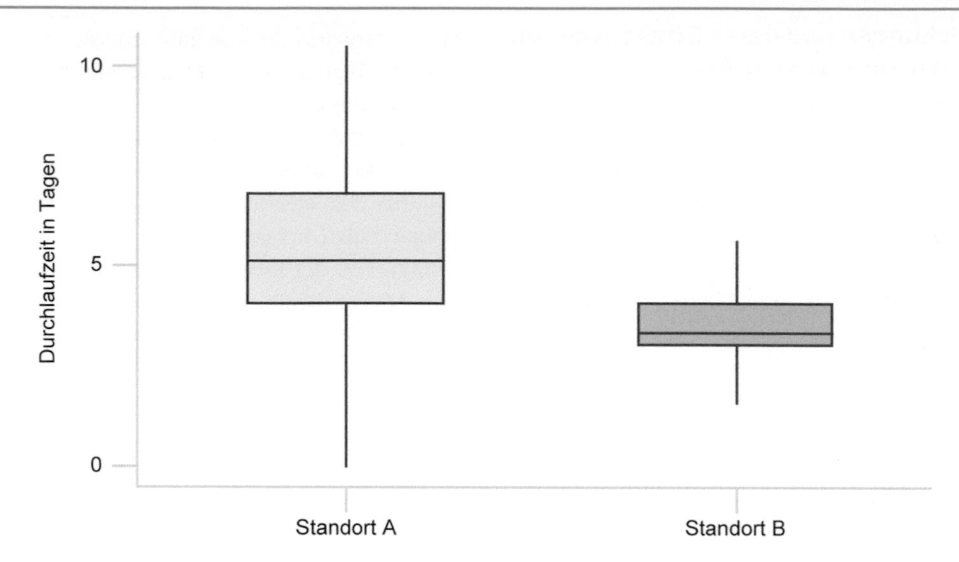

Abb. 3.9 Vergleich der Durchlaufzeiten für die Bearbeitung von Angeboten zweier Standorte in Form von Kastendiagrammen

Auf diese Weise lässt sich oftmals schnell erkennen, ob und ggf. wie sich die Änderung einer möglichen Einflussursache (z. B. Kühlung an/aus, Rechnung in Filiale A, B oder C erstellt ...) auf die Abweichung auswirkt. Dabei muss bereits vor der Messung oder Erfassung der Daten berücksichtigt sein, dass für jeden Zustand eine bestimmte Anzahl Messungen mit definierten Bedingungen benötigt wird. Dabei sollte möglichst nur ein Einflussfaktor verändert werden und die übrigen Bedingungen vergleichbar gehalten werden.

Diese Vorgehensweise, bei der nur ein Faktor gleichzeitig geändert wird, verursacht relativ hohen Aufwand, weil bei mehreren Einflussgrößen viele Messungen erforderlich sind, um alle Kombinationen zu berücksichtigen. Für die effektive Untersuchung vieler Faktoren mit möglichst wenigen Messungen gibt es spezielle Werkzeuge der statistischen Versuchsplanung (Design of Experiments, DOE), die jedoch in diesem Leitfaden nicht vorgestellt werden können. Ein einfaches und wirkungsvolles Werkzeug zur grafisch interaktiven Untersuchung der Wirkung mehrerer Einflussfaktoren auf die Abweichung ist das in Excel erstellbare „Pivotdiagramm“.

Je nach Art der Abweichung können relevante Einflussfaktoren auch sehr einfach – z. B. durch Zählen – bestimmt werden. Wenn z. B. Verzögerungen und Nachfragen bei der Ausstellung kundenspezifischer Produktzeugnisse zu untersuchen sind, können Strichlisten geführt werden, in denen die Ursachen für Verzögerungen, die Häufigkeit ihres Auftretens und ggf. die je Fall erforderliche Dauer für eine Klärung festgehalten werden. Nach der Auswertung können die Häufigkeiten der Ereignisse in einem „Paretodiagramm“ (sortiertes Balkendiagramm) dargestellt und relevante Einflussfaktoren direkt abgelesen werden.

Ergebnis dieses Arbeitsschrittes ist eine Auswahl der Einflussfaktoren, welche die Abweichung erkennbar beeinflussen.

3.4.3.4 Faktoren mit dem größten Einfluss auf die Abweichung bestimmen

Im vorigen Arbeitsschritt wurden Faktoren mit deutlichem Einfluss auf die Abweichung ermittelt. Aber auch ein vermeintlich deutlicher oder eindeutiger Einfluss kann eventuell nur Zufall sein. Um dies mit einer definierten Wahrscheinlichkeit auszuschließen, werden in diesem Schritt einfache statistische Hypothesentests genutzt, sofern die Voraussetzungen dafür erfüllt sind.

In den meisten Fällen werden statistische Kennwerte von Abläufen, wie Mittelwerte oder Standardabweichungen, nicht aus sämtlichen Ergebnissen des Ablaufs – der sogenannten Grundgesamtheit (beispielsweise 5300 Kundenrechnungen für den Monat Mai oder 10.000 Bolzen pro Fertigungslos) – ermittelt, sondern aus zufälligen Stichproben, die nur einen Teil der Gesamtergebnisse umfassen. Deshalb entsprechen aus Stichproben ermittelte Kennwerte nicht unbedingt denen der Grundgesamtheit. Diese liegen vielmehr mit einer bestimmten Wahrscheinlichkeit innerhalb eines sogenannten Vertrauensbereiches.

Wenn bei Stichproben von jeweils 30 Rechnungen unter Rahmenbedingung A für die Bearbeitungsdauer ein Mittelwert von 17 Minuten und unter Rahmenbedingung B ein Mittelwert von 18,5 Minuten gemessen wurde, ergibt das zwar einen Unterschied des Mittelwertes bei den Stichproben, dieser könnte jedoch auf Zufallseffekten der Stichproben beruhen, während die Mittelwerte der beiden Grundgesamtheiten von jeweils 450 Rechnungen sich nicht unterscheiden und tatsächlich 20 Minuten betragen. Wenn der Einfluss bestimmter Faktoren auf das Ergebnis beurteilt oder festgestellt werden soll, ob eine Maßnahme Verbesserungen erbracht hat, sollten solche zufälligen Effekte ausgeschlossen sein. Dabei unterstützen die statistischen Hypothesentests.

Als Werkzeuge hierzu werden im Begleitmaterial der in Excel durchführbare „t-Test“ und eine Tabelle für den sogenannten „Chi-Quadrat-Test“ bereitgestellt.

Die bereitgestellten Werkzeuge sensibilisieren Anwender für die oben beschriebenen Effekte und unterstützen sie dabei, erste Erfahrungen mit statistischen Tests zu sammeln. Diese Werkzeuge sind jedoch kein Ersatz für Expertenwissen oder umfangreiche Statistiksoftware.

Statistische Tests sind keineswegs in jedem Fall zur sicheren Bestimmung relevanter Einflussfaktoren erforderlich oder anwendbar. In manchen Fällen sind wichtige Einflussfaktoren mit ausreichender Sicherheit auch aus einem Häufigkeitsdiagramm ablesbar. In anderen Fällen sind unter Umständen die Voraussetzungen – beispielsweise Normalverteilung der Daten – nicht erfüllt.

Ergebnisse dieses Schrittes sind Faktoren mit statistisch gesichertem oder aus Sicht des Verbesserungsteams eindeutigem Einfluss auf die Abweichung.

3.4.4 Modul IV: Ursachen entkräften und Erfolg kontrollieren

Dieses Modul umfasst erforderlichenfalls eine genauere Untersuchung der Wirkungsweise wichtiger Einflussfaktoren und eine erste Prüfung, ob das Ziel erreichbar ist. Außerdem werden Maßnahmen, welche die Wirkung der wichtigen Einflussfaktoren auf die Abweichung mindern oder beseitigen, geplant und umgesetzt sowie die Nachhaltigkeit erzielter Verbesserungen durch die Einführung alltagstauglicher Standards und Kontrollen gesichert.

Es muss sichergestellt werden, dass die entwickelten Maßnahmen und ihre Bedeutung allen Mitwirkenden bekannt sind und dauerhaft zuverlässig umgesetzt werden. Das Spektrum hierfür geeigneter Hilfsmittel reicht von Visualisierungen (beispielsweise aktuelle Werte der Abweichung) über Arbeitsanweisungen bis hin zu Zielvereinbarungen und der Einbindung in die Entgeltgestaltung.

Unter Nutzung des in Modul II „Fakten und Daten erfassen“ eingerichteten Messsystems, werden die umgesetzten Maßnahmen ständig auf ihren Erfolg – also ihre Auswirkung auf die Abweichung – überprüft. Diese Überprüfung wird zum automatischen Bestandteil des verbesserten Ablaufes. So ist sichergestellt, dass Abweichungen auch künftig sofort bemerkt und entsprechende Gegenreaktionen ausgelöst werden.

Ergebnisse dieses Moduls sind umgesetzte Maßnahmen gegen die Abweichungsursachen und Informationen zu deren Wirksamkeit. Wenn das Ziel nicht erreicht wird, müssen frühere Arbeitsschritte erneut durchlaufen werden.

3.4.4.1 Wesentliche Ursachen ermittelt?

Der erste Arbeitsschritt dieses Moduls dient der Kontrolle, ob die fortschrittsrelevanten Ergebnisse des vorigen Schrittes vorliegen. Einflussgrößen mit deutlich erkennbarem oder sogar statistisch belegtem Einfluss auf die Abweichung müssen ermittelt sein.

3.4.4.2 Wirkungsweise der wichtigen Einflussfaktoren untersuchen

Dieser Schritt ist nur erforderlich, wenn wichtige Einflussfaktoren erkannt sind, deren Wirkung im Detail noch nicht ausreichend bekannt und verstanden ist und deshalb weiter untersucht werden muss. Dazu sind ggf. weitere Auswertungen vorhandener Daten (siehe Modul III) erforderlich. Ebenso kann es nötig sein, zusätzliche Daten für weitere Untersuchungen zu erfassen (Modul II).

Unter überschaubaren Bedingungen, wenn Einflussfaktoren nur zwei oder wenige Zustände annehmen können – beispielsweise Kühlung an/aus, Standort A, B, C oder Mitarbeiter mit Qualifikation X oder Y –, ist die Wirkung in der Regel bereits in Modul III deutlich erkennbar. In anderen Fällen, wenn zahlreiche Einflussfaktoren vorhanden sind und diese viele verschiedene Zustände annehmen können, wie z. B. Temperaturen von −20 °C bis + 30 °C, ist die Wirkung unter Umständen nicht so leicht zu erkennen.

Als Werkzeuge, die helfen können, die Wirkungsweise von Einflussfaktoren zu verdeutlichen und für einfache Fälle ggf. auch als Formel zu beschreiben, werden im Begleitmaterial die „Korrelation“ und „Regression“ angeboten, die unter den Analyse-Funktionen von Excel zur Verfügung stehen.

Werkzeuge zur Beschreibung komplexer nicht linearer Zusammenhänge können im Rahmen dieses Leitfadens nicht berücksichtigt werden und müssen bei Bedarf anderweitig verfügbar gemacht werden.

Wenn die wichtigsten Einflussfaktoren und deren Wirkungsweise bekannt sind, gilt es herauszufinden, welche Bedingungen und Voraussetzungen erfüllt sein müssen bzw. welche Werte die Einflussfaktoren haben müssen, damit keine oder möglichst wenig Abweichungen auftreten.

Oftmals ist diese „günstigste Einstellung“ einfach erkennbar. Manchmal – insbesondere dann, wenn viele Einflussfaktoren auftreten und diese sich gegenseitig beeinflussen – muss sie jedoch durch Simulation, systematisches Experimentieren oder „Probieren“ ermittelt werden. Um den Aufwand hierfür gering zu halten, gibt es spezielle Softwareunterstützung, um mit möglichst wenigen Messungen auch nicht lineare Modelle des Ablaufs zu ermitteln. Mithilfe solcher Modelle können geeignete Bedingungen und Einstellungen für eine Beseitigung oder Minderung der Abweichung bestimmt werden. Diese Werkzeuge können jedoch wegen ihrer Komplexität im Rahmen dieses Leitfadens nicht zur Verfügung gestellt werden.

Falls ein einfacher mathematischer Zusammenhang bekannt ist, kann als Werkzeug die Excel-„Zielwertanalyse“

genutzt werden, um die für eine Zielerreichung benötigten Werte der Einflussfaktoren errechnen zu lassen.

Ergebnisse dieses Arbeitsschrittes sind das Verständnis der Wirkungsweise wichtiger Einflussfaktoren sowie die Bedingungen oder Einstellungen, die erforderlich sind, um die Vorgaben zu erreichen.

3.4.4.3 Zielwert erreichbar?

Falls möglich, sollte sofort überprüft werden, ob die ermittelten Bedingungen und Einstellungen die Einhaltung der Vorgabe ermöglichen, also zur Beseitigung oder Reduzierung der Abweichung führen. Dazu müssen diese Bedingungen für eine prinzipielle Prüfung zunächst nur provisorisch hergestellt werden.

Danach ist abschätzbar, welche Verbesserung möglich ist und ob das geplante Verbesserungsziel erreicht werden kann. Falls das Ziel nach den bisherigen Erkenntnissen nicht oder nur zum Teil erreichbar ist, bestehen folgende Möglichkeiten:

- Es muss nach weiteren – bisher vielleicht übersehenen – Einflussfaktoren gesucht werden und deren Wirkung festgestellt werden.
- Der Ablauf muss komplett neu gestaltet werden. Hierfür sind Methoden des Business Process Reengineering verfügbar, die jedoch nicht zum Umfang dieses Leitfadens gehören. Der Schwerpunkt des Leitfadens ist, Abweichungen durch Optimierung vorhandener Abläufe zu beseitigen.
- Es wird eine Lösung realisiert, die das Ziel nur zum Teil erreicht. Dabei ist zwischen Aufwand und erzielbarer Verbesserung abzuwägen.

3.4.4.4 Maßnahmen planen und umsetzen

Wenn feststeht, wie die wichtigen Einflussfaktoren gestaltet oder eingestellt werden sollen, sind in diesem Schritt die Maßnahmen zu planen und umzusetzen, mit denen dies unter alltäglichen Bedingungen in der Breite und dauerhaft erreicht werden kann.

Als Werkzeuge stehen hierfür die „Bewertungstabelle für Maßnahmen“ und „Aktionspläne“ zur Verfügung.

Zur Entwicklung geeigneter Maßnahmen im Team kann z. B. das Brainstorming als Kreativitätstechnik genutzt werden. Wenn mehrere Lösungsmöglichkeiten erarbeitet wurden, unterstützt die Bewertungstabelle bei der Wahl der am besten geeigneten Lösung. Aktionspläne helfen bei der systematischen Umsetzung gewählter Maßnahmen. Darin ist festgehalten, „Wer“, „Was“, „Bis wann?“ macht und wie der aktuelle Bearbeitungsstand ist.

3.4.4.5 Nachhaltigkeit durch Einführen von Standards und Kontrollen absichern

Mit der Umsetzung der gewählten Maßnahmen und der Erreichung des Ziels ist die Verbesserungsarbeit nicht abgeschlossen. Es muss sichergestellt sein, dass die Abweichung – auch nach der Hauptphase der Verbesserungsaktivitäten unter Alltagsbedingungen – kontinuierlich überwacht wird und den Vorgaben entspricht.

Die umgesetzten Maßnahmen müssen dazu im Alltag als neue Standards fest etabliert werden. Sie müssen allen Mitarbeitern bekannt, sowie von diesen verstanden und akzeptiert sein. Alle Akteure brauchen regelmäßige Rückmeldungen über die Einhaltung der Standards und dem daraus resultierenden Erfolg oder Misserfolg.

Die Bedeutung dieses anspruchsvollen Arbeitsschrittes wird häufig unterschätzt. Alle betroffenen Mitarbeiter müssen wissen, welche Rahmenbedingungen einzuhalten sind und motiviert sein, eigenverantwortlich dafür zu sorgen.

In „Kontrollplänen“ sind je Ablaufschritt die wirksamen Einflussfaktoren, die für sie einzuhaltenden Bedingungen, sowie Art, Umfang und Häufigkeit der Überwachung dieser Größen festgehalten. Grundlage dafür sind die Schritte des Ablaufdiagramms aus Modul II.

In Arbeitsanweisungen oder Zielvereinbarungen können die Maßnahmen aus dem Kontrollplan alltagstauglich handhabbar werden. Diese können jedoch – wegen der großen möglichen Vielfalt – nicht im Begleitmaterial zur Verfügung gestellt werden, sondern sind bei Bedarf unternehmens- und fallspezifisch auszuarbeiten. Zustand und Verlauf der Abweichung sowie relevanter Einflussgrößen sollten für alle Beteiligten sichtbar und bekannt sein. Hierfür ist eine geeignete Visualisierung sicherzustellen.

Auch nachdem die Vorgabe nachhaltig erreicht ist, muss die Abweichung weiterhin kontinuierlich unter Beobachtung bleiben. Wenn die Vorgabe nicht mehr eingehalten wird, werden zuvor definierte Gegenmaßnahmen aktiviert oder es findet ein Wiedereinstieg in geeignete Module und Arbeitsschritte statt. Im Begleitmaterial stehen als unterstützende Werkzeuge für die laufende Kontrolle das „Zeitverlaufsdiagramm“ und das „Medianzyklusdiagramm“ zur Verfügung, mit denen die Abweichung und Einflussgrößen kontinuierlich verfolgt werden können.

Ergebnis dieses Arbeitsschrittes ist die Einführung und Absicherung neuer betrieblicher Standards für den Ablauf, mit denen die Vorgaben sicher eingehalten werden. Die Standards sind solange verbindlich, bis nachweislich bessere gefunden sind.

3.5 Werkzeuge des Leitfadens

Alle im Folgenden beschriebenen Werkzeuge sind als Vorlagen im Begleitmaterial verfügbar, das im Internet unter Springer (www.springer.com, „Abläufe verbessern – Betriebserfolg garantieren“, „OnlinePlus“) sowie auf der homepage des ifaa (www.arbeitswissenschaft.net) heruntergeladen werden kann. Sie können entweder über die Moduldarstellungen oder die Werkzeugübersicht geöffnet werden (siehe Abschn. 3.3, „Arbeiten mit dem Leitfaden").

In den Moduldarstellungen wird in der rechten Spalte der Darstellung das jeweilige Werkzeug durch Klick mit der linken Maustaste geöffnet. Wird der Mauszeiger auf dem Werkzeug positioniert, werden die verfügbaren Kurzinformationen eingeblendet.

Die Werkzeugübersicht zeigt eine alphabetisch sortierte Liste der Werkzeuge. Ein Klick mit der linken Maustaste öffnet Werkzeuge aus der Liste. Wird der Mauszeiger auf dem Werkzeug positioniert, werden die verfügbaren Kurzinformationen eingeblendet.

Hinweise und ausführliche Informationen zu den Werkzeugen beinhalten die folgenden Unterkapitel. Für jedes Werkzeug stehen die wichtigsten Informationen zur Verfügung. Diese sind stets anhand folgender drei Fragen gegliedert:

- WAS leistet das Werkzeug?
- WOFÜR ist das Werkzeug nützlich?
- WIE kann das Werkzeug angewendet werden?

Dieses Kapitel bietet für jedes Werkzeug Antworten auf die ersten beiden Fragen. Ausführliche Informationen zur Anwendung der Werkzeuge sind nach dem Öffnen der Werkzeuge in dem Tabellenblatt „Beschreibung und Anwendung" enthalten. Darin ist die Anwendung schrittweise anhand von Screenshots beschrieben. Diese Screenshots wurden mit Excel 2003 erstellt. Ergänzend sind bei einigen Werkzeugen auch Screenshots für die jeweilige Bildschirmansicht in Excel 365 eingefügt. Für andere Programmversionen kann die jeweilige Bildschirmansicht variieren.

Ein Teil der Werkzeuge ist im Internet als Freeware verfügbar und wurde mit Zustimmung der Autoren und Ersteller in das Begleitmaterial aufgenommen. Auf die Autoren wird in den jeweiligen Kapiteln verwiesen.

Einige der Werkzeuge stehen unter den „Analyse-Funktionen" in Excel zur Verfügung. Diese sind seit der Version Excel 97 verfügbar und können unter dem Hauptmenü „Extras" aufgerufen werden. Sind die Analyse-Funktionen dort nicht aufgeführt, können sie mit der Funktion „Add-Ins" im Hauptmenü „Extras" eingerichtet werden.

3.5.1 Ablaufdiagramm

Was leistet das Werkzeug?

Das Ablaufdiagramm ist eine detaillierte Darstellung von Abläufen und Prozessen, die Beschreibungen der einzelnen Ablaufschritte enthält und diesen eindeutig Verantwortungsbereichen zuordnet. Mithilfe der Symbole „Sprung von" und „Sprung nach" können komplexe und umfangreiche Gesamtdarstellungen in mehrere Blätter oder Einheiten aufgeteilt werden (Abb. 3.10).

Ergänzend können in separaten Tabellen zu jedem Schritt Ein- und Ausgänge, Vorgaben und deren Einhaltung festgehalten werden.

Wofür ist das Werkzeug nützlich?

Durch Bündelung des Wissens von Prozessexperten entsteht eine aktuelle und umfassende Darstellung des Ablaufes,

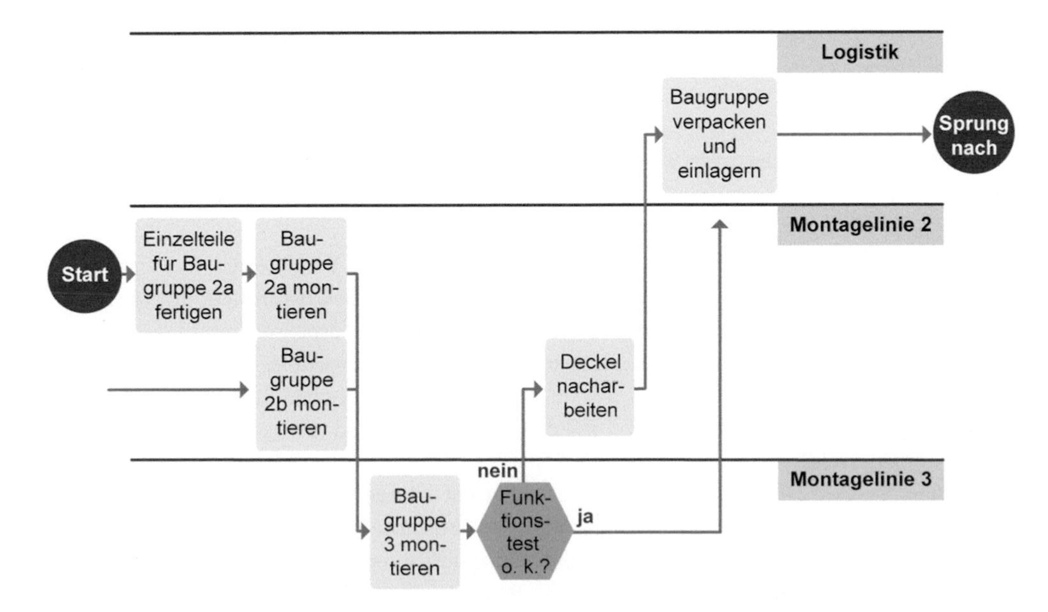

Abb. 3.10 Ablaufdiagramm

wie er tatsächlich praktiziert wird. Darin können Ursachen für Abweichungen und Verbesserungsansätze identifiziert werden. Aktuelle Ablaufbeschreibungen sind auch beispielsweise für Dokumentationen im Rahmen von QM-Systemen und Audits nutzbar.

3.5.2 Ablauf-Grobdarstellung

Was leistet das Werkzeug?
Ein Ablauf, bspw. „Profilabschnitte sägen", wird in Hauptschritte unterteilt und zusammen mit den Ein- und Ausgängen sowie Lieferanten und Kunden übersichtlich grafisch dargestellt, siehe Abb. 5.8 und 5.18.

Wofür ist das Werkzeug nützlich?
Alle an der Planung Beteiligten bekommen eine einheitliche Vorstellung vom Ablauf und können auf dieser gemeinsamen Basis erste Schwerpunktbereiche der Verbesserungsarbeit identifizieren und vereinbaren.

3.5.3 Aktionsplan

Was leistet das Werkzeug?
Nachdem die tatsächlichen Ursachen für die Abweichung entdeckt sind, werden Maßnahmen gegen die Ursachen geplant, gewählt und umgesetzt. Dazu wird festgehalten, „Wer", „Was", „Bis wann?" macht und wie der Status (Umsetzungsstand) ist.

Wofür ist das Werkzeug nützlich?
Die Ergebnisse der Umsetzungsplanung und der Stand der Umsetzung können regelmäßig aktualisiert allen Beteiligten und Betroffenen zugänglich gemacht werden. Das fördert Transparenz und Engagement.

3.5.4 Aushang „Stand Verbesserungsvorhaben"

Was leistet das Werkzeug?
Der Aushang ist ein DIN-A3-Blatt, auf dem die wichtigsten Informationen zur geplanten Verbesserung sowie der aktuelle Stand und erzielte Ergebnisse (tatsächliche Ursachen, Maßnahmen und Wirkung) für die Mitarbeiter sichtbar dokumentiert werden.

Wofür ist das Werkzeug nützlich?
Mitarbeiter der betroffenen Bereiche und ggf. darüber hinaus werden über das geplante Projekt und den aktuellen Stand informiert. Das baut Misstrauen und Ängste ab, bezieht die Mitarbeiter ein und macht den eigenen Beitrag zur Entwicklung anschaulich sowie die eigene Verantwortung bewusst.

3.5.5 Bewertungstabelle für Maßnahmen

Was leistet das Werkzeug?
Die Bewertungstabelle hilft, alternative Maßnahmen zur Verminderung von Abweichungen strukturiert nach einheitlichen Kriterien und Gewichtungen im Team gemeinsam zu bewerten und auf dieser Basis die am besten geeigneten Maßnahmen zu wählen. Der Aufbau ähnelt prinzipiell dem der Bewertungstabelle für Verbesserungsvorhaben.

Wofür ist das Werkzeug nützlich?
Die Entscheidung über umzusetzende Maßnahmen wird systematisiert und objektiviert. Der Einfluss persönlicher Präferenzen auf die Maßnahmenwahl wird relativiert.

3.5.6 Bewertungstabelle für Verbesserungsvorhaben

Das im Folgenden bereitgestellte Bewertungsblatt basiert auf dem Beitrag „Der Projektauswahlprozess" von Reinhard Krauer in „Six Sigma Konzeption und Erfolgsbeispiele für praktizierte Null-Fehler Qualität" (Töpfer 2003, S 391 f.).

Was leistet das Werkzeug?
Das Bewertungsblatt hilft, alternative Verbesserungsideen strukturiert nach einheitlichen Kriterien und Gewichtungen zu bewerten und auf dieser Basis vorrangig umzusetzende Ideen zu identifizieren.

Wofür ist das Werkzeug nützlich?
Wenn mehr Verbesserungsvorhaben vorliegen als durchgeführt werden können, wird die Entscheidung, welches Vorhaben den größten Unternehmensnutzen bietet, systematisiert und objektiviert. Der Einfluss persönlicher Präferenzen auf die Auswahl wird relativiert. (Abb. 3.11)

3.5.7 Chance-Risiko-Betrachtung

Was leistet das Werkzeug?
Die Chance-Risiko-Betrachtung unterstützt gegen Ende des Moduls „Verbesserung planen und vereinbaren" die abschließende Prüfung, ob alle wichtigen Personen einbezogen sowie Chancen und Risiken des Verbesserungsvorhabens ausreichend erwogen wurden.

Wofür ist das Werkzeug nützlich?
Die abschließende Prüfung hilft, Zeit und Ressourcen möglichst sinnvoll einzusetzen. Wenn bspw. wichtige Personen nicht rechtzeitig einbezogen wurden, entwickeln sie häufig eine negative Einstellung. Diese ist eventuell gar

	Höhe der Einsparungen	Übertragbarkeit auf andere Bereiche	Bearbeitungs-zeit	Fehler-reduzierungs-potenzial > 80 %	Komplexität	Investitions-Ertrags-Verhältnis
Gewichtung	30 %	10 %	25 %	15 %	10 %	10 %
Erläuterung	Schätzung der Gesamt-nettoersparnis im Jahr	Einschätzung der Übertragbarkeit der Ergebnisse und evtl. Potenziale andernorts	Schätzung der Bearbeitungs-dauer	Schätzung der Reduzierungs-möglichkeit der Fehlerrate	Schätzung des Schwierigkeits-grades	Investitionen / Netto-ersparnis × 100
Punkte	9 ≥ 250.000 € 8 ≥ 200.000 € 7 ≥ 150.000 € 6 ≥ 100.000 € 5 ≥ 50.000 € 4 ≥ 35.000 € 3 ≥ 20.000 € 2 ≥ 10.000 € 1 < 10.000 €	hoch = 9 mittel = 5 niedrig = 1	9 ≤ 4 Monate 7 ≤ 6 Monate 5 ≤ 9 Monate 3 ≤ 12 Monate 1 > 12 Monate	9 ≥ 98 % 8 ≥ 78 % 5 ≥ 58 % 3 ≥ 50 % 1 < 50 %	hoch = 1 mittel = 5 niedrig = 9	9 ≤ 1 % 8 ≤ 5 % 7 ≤ 10 % 5 ≤ 15 % 3 ≤ 20 % 1 > 20 %

	Bewertung in Punkten						Gesamt-punktzahl
Vorhaben 1	4	5	9	5	1	9	5,7
Vorhaben 2	3	1	9	5	1	9	5
Vorhaben 3	8	1	5	3	1	7	5
Vorhaben 4	1	1	1	1	1	1	1
Vorhaben 5	9	9	9	9	9	9	9

Abb. 3.11 Bewertungstabelle Verbesserungsvorhaben. (In Anlehnung an Krauer 2003)

nicht mehr oder nur mit unnötig hohem Aufwand wieder veränderbar.

3.5.8 Datenerfassungsplan

Was leistet das Werkzeug?
Der Datenerfassungsplan unterstützt das Team bei der Planung der Erfassung der Daten, die benötigt werden, um die Wirkung vermutlich wichtiger Ursachen zu untersuchen. Dazu wird festgelegt und im Erfassungsplan dokumentiert, was zu welchem Zweck, in welchem Umfang, unter welchen Bedingungen gemessen werden soll (Abb. 3.12).

Wofür ist das Werkzeug nützlich?
Die Datenerfassung wird strukturiert geplant. So kann der Erhebungsaufwand möglichst gering gehalten und vermieden werden, dass bei der Auswertung Daten fehlen, die nacherhoben werden müssen. Zweck und Umfang geplanter Erhebungen können auf Basis des Datenerhebungsplanes im Unternehmen kommuniziert werden, um Unruhe und Gerüchte zu vermeiden. Unabhängig davon ist, je nach Zwischenergebnissen, trotzdem häufig eine Erfassung in mehreren Stufen erforderlich.

3.5.9 Fischgrätdiagramm

Was leistet das Werkzeug?
Das Fischgrätdiagramm (auch Ishikawa-Diagramm oder Ursache-Wirkungs-Diagramm) wurde in den 60er-Jahren als eines von 7 Werkzeugen für Qualitätszirkel (Q7) von Kaoru Ishikawa entwickelt.

Es ordnet einer Abweichung oder einem Problem in einem Diagramm, das wie eine Fischgräte aussieht, Haupt- und Nebenursachen zu. Die Abweichung bildet dabei den „Kopf“ der Gräte, die Hauptursachen die „Gräten“. Diesen können in mehreren Ebenen untergeordnete Ursachen zugeordnet werden, siehe Tabellenblatt „Beispiel Fischgrätdiagramm“ (Abb. 3.13).

Wofür ist das Werkzeug nützlich?
Ursachen für Abweichungen können im Expertenteam auf einer Pinnwand im Rahmen eines Brainstormings gesammelt und strukturiert werden. Das Ergebnis ist für alle Beteiligten schneller erfassbar als ein umfangreicher Text. Das Team kann Ursachen im fertigen Diagramm schnell und unkompliziert gewichten, indem die Beteiligten Klebepunkte vergeben. Gewichtungen können unabhängig voneinander auch von verschiedenen (Interessens-)Gruppen durchgeführt werden, um die Wissensbasis zu verbreitern.

Datenerfassungsplan: Durchlaufzeit Lieferantenrechnungen
Zweck der Messung: Wirkung der Einflussfaktoren „Rücksprache mit Lieferant" „Wareneingangsprüfung" und „Sonstige" untersuchen. Über einen Zeitraum von 6 Wochen erhält jede eingehende Lieferantenrechnung ein Begleitblatt, in dem die Durchlaufzeit sowie Ursachen für Verzögerungen und deren Dauer von den Mitarbeitern der Buchhaltung eingetragen werden. Nach 6 Wochen werden die Begleitblätter ausgewertet.

Ausgangsgröße	Einflussfaktoren/ Eingangsgrößen	**Messung**						
		Was?	**Datentyp?**	**Womit?**	**Von wem?**	**Wann? Wie oft?**	**Umfang?**	**festzuhaltende Randbedingungen**
Durchlaufzeit der eingehenden Rechnungen		Durchlaufzeit (DLZ) in Tagen (Rechnungseingang bis Kontobelastung)	quantitativ	Rechnungsbegleitblatt	Mitarbeiter Rechnungsprüfung		für jede Rechnung	
	Rücksprache mit Lieferanten wegen ■ Preisabweichung ■ Lieferbedingungen ■ Qualitätsmangel ■ Sonstigem	Ursache und Dauer	qualitativ	Rechnungsbegleitblatt	Mitarbeiter Rechnungsprüfung	bei jeder Verzögerung	für jede Rechnung	
	Wareneingangsprüfung ■ Umfang ■ Prüfart ■ Termin der WE-Prüfung ■ Personalsituation	Ursache und Dauer	qualitativ	Rechnungsbegleitblatt	Mitarbeiter Rechnungsprüfung	bei jeder Verzögerung	für jede Rechnung	

Abb. 3.12 Datenerfassungsplan

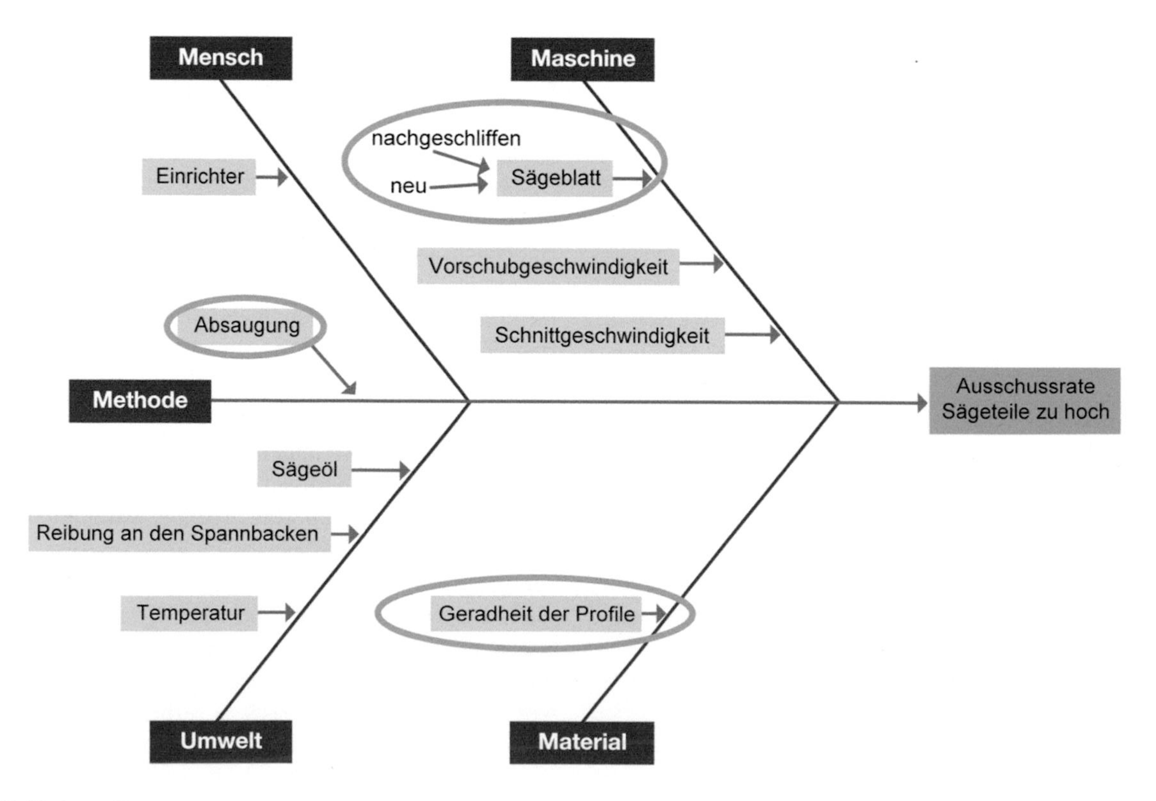

Abb. 3.13 Fischgrätdiagramm

3.5.10 Häufigkeitsdiagramm (Histogramm)

Was leistet das Werkzeug?
Das Häufigkeitsdiagramm zeigt an, wie häufig Werte aus bestimmten Größenklassen in einem Datensatz auftreten (zum Beispiel: Längen 170 mm, 170 – 171 mm, usw.).

Wofür ist das Werkzeug nützlich?
Die Variation der Daten und deren Verteilung sind auf einen Blick erkennbar (Abb. 3.14).

3.5.11 Hypothesentests

Was leistet das Werkzeug?
Mithilfe von Hypothesentests werden Hypothesen über zwei oder mehr Grundgesamtheiten anhand von Stichprobenwerten getestet. Hypothesen können bspw. sein:

- Montagelinie A hat mehr Kundenreklamationen als Linie B.
- Die Angebotsbearbeitung am Standort X ist schneller als diejenige am Standort Y.

Wofür ist das Werkzeug nützlich?
Hypothesentests ermöglichen eine gesicherte Aussage darüber, ob beobachtete Unterschiede zwischen zwei Grundgesamtheiten tatsächlich bestehen und nicht auf zufällige Einflüsse bei der Stichprobennahme zurückzuführen sind. Wenn zweifelsfrei nachgewiesen ist, dass bspw. Linie B weniger Reklamationen hat, lohnt der Aufwand, nach besonderen Merkmalen und Rahmenbedingungen der Linie B zu suchen, diese auf die andere Linie zu übertragen und dort zu standardisieren. Bei der Suche nach diesen wesentlichen Erfolgsfaktoren können Hypothesentests wiederum hilfreich sein.

Nach Umsetzung von Verbesserungsmaßnahmen kann deren Wirkung mithilfe von Hypothesentests eindeutig beurteilt werden.

Aus der Vielzahl von Hypothesentests werden in dieser Datei zwei zur Verfügung gestellt:

t-Test:
Test, ob die Mittelwerte zweier Grundgesamtheiten signifikante Unterschiede aufweisen. Zum Beispiel.: Die Angebotsbearbeitung am Standort X ist schneller als diejenige am Standort Y.

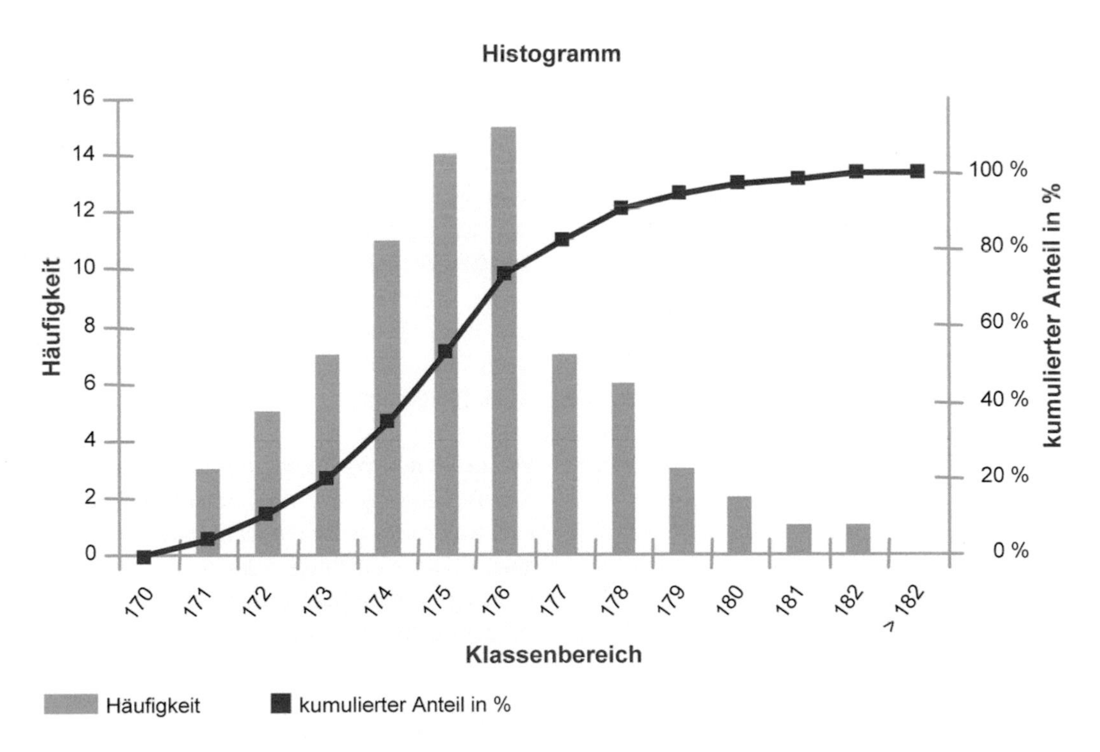

Abb. 3.14 Häufigkeitsdiagramm

Beobachtete Werte							
	Kategorien						
Merkmale	Arzt A	Arzt B	Arzt C	Arzt D	Arzt E	Zeilensummen	% Zeile
keine Besserung	13	5	8	21	20	67	36,2
teilweise Besserung	18	10	12	5	15	60	32,4
völlige Besserung	16	11	11	10	10	58	31,4
Spaltensummen	47	26	31	36	45	185	100

Erwartete Werte						
	Kategorien					
Merkmale	Arzt A	Arzt B	Arzt C	Arzt D	Arzt E	Zeilensummen
keine Besserung	17,02	9,42	11,23	13,04	16,30	67
teilweise Besserung	15,24	8,43	10,05	11,68	14,59	60
völlige Besserung	14,74	8,15	9,72	11,29	14,11	58
Spaltensummen	47	26	31	36	45	185

Testergebnis p-Wert = 0,02748 **Vorgabe: α-Fehler < 5 % (0,05)**

Interpretation des Ergebnisses:
Der p-Wert ist kleiner als 0,05. Deshalb ist davon auszugehen, dass die Verteilung der Behandlungsergebnisse bei den 5 Ärzten prinzipiell unterschiedlich ist.

Abb. 3.15 Hypothesentest am eines Chi-Quadrat-Tests

X^2-Test (sprich: „Chi-Quadrat-Test“):
Test, ob qualitative bzw. in wenige Kategorien zusammengefasste Merkmale in zwei oder mehr Grundgesamtheiten mit signifikant unterschiedlicher Häufigkeit auftreten.

In Abb. 3.15 sind als Beispiel die beobachteten Behandlungsergebnisse von 5 Ärzten dargestellt sowie die zu erwartenden Ergebnisse für den Fall, dass alle Ärzte gleich erfolgreich behandeln. Nach dem Testergebnis ist die Wahrscheinlichkeit, dass die beobachteten Unterschiede zufällig zustande kommen können kleiner als 5 %. Somit ist davon auszugehen, dass die Behandlungserfolge der Ärzte sich grundsätzlich voneinander unterscheiden.

3.5.12 Kastendiagramm

Was leistet das Werkzeug?
Das Kastendiagramm stellt die statistischen Kenngrößen Mittelwert, Median sowie erstes und drittes Quartil einer Zielgröße oder Abweichung grafisch dar.

Wofür ist das Werkzeug nützlich?
Die Variation der zu untersuchenden Daten und ggf. die Auswirkung von Einflussfaktoren auf die Variation sind auf einen Blick erkennbar, siehe Abb. 3.8 und 5.13.

3.5.13 Kontrollplan

Was leistet das Werkzeug?
Der Kontrollplan gibt eine abschließende Übersicht, an welchen Stellen im Ablauf wichtige Einflussfaktoren auftreten, welche Vorgaben für sie erfüllt sein müssen und wie deren Einhaltung überprüft und sichergestellt wird. Grundlage dafür ist die Ablauf-Grobdarstellung oder das Ablaufdiagramm.

Wofür ist das Werkzeug nützlich?
Zur Beseitigung der Abweichung erforderliche Standards und Kontrollen werden nach festen Regeln im Alltag verankert. Der Kontrollplan kann als ergänzende „Arbeitsanweisung“ genutzt werden oder in bestehenden Anweisungen Berücksichtigung finden (Abb. 3.16).

3.5.14 Korrelation

Was leistet das Werkzeug?
Mithilfe der Korrelation kann der Zusammenhang zweier Größen beurteilt werden. Häufig wird eine der beiden Größen als Zielgröße definiert.

Kontrollplan							
Ablauf/Prozess: Bolzenfertigung							
Ansprechpartner/Tel.Nr. Herr XX, 0221 4711							
Nr.	**Ablauf-/Prozessschritt**	**Einflussfaktoren**			**Kontrolle**		
		Einflussfaktor	Vorgabe	Wirkung bei Nichteinhaltung	Messmittel	Kontrollumfang	verantwortlich
1	Bolzen drehen	Maschine	bis Ø 30 mm Maschine A, B, C	---	---	jeder Fertigungsauftrag	Einrichter
2			> Ø 30 mm Maschine A	Ø zu ungleichmäßig	---	jeder Fertigungsauftrag	Einrichter
3		Werkzeugverschleiß	Einsatzdauer 5 Stunden	schlechte Oberflächengüte	Zeiteintrag im Begleitblatt	alle 30 min	Maschinenbediener
4		Oberflächengüte Rohmaterial	rostfrei ohne Einschlüsse	erhöhter Verschleiß, Werkzeugbruch	optische Prüfung gemäß Fotovorgaben	bei jeder Anlieferung 5 von 100 Stangen	Maschinenbediener
5							
6							
7							

Abb. 3.16 Kontrollplan

Wofür ist das Werkzeug nützlich?
Der Einfluss wird quantifiziert und objektiviert.

3.5.15 REFA-Materialflussanalyse

Das folgende Werkzeug dient der Unterstützung bei der REFA-Materialflussanalyse. Dank der freundlichen Zustimmung des REFA Bundesverbandes kann das Werkzeug in abgewandelter Form als Excel-Datei im Begleitmaterial dieses Leitfadens zur Verfügung gestellt werden.

Was leistet das Werkzeug?
Mithilfe dieses Werkzeugs werden die einzelnen Ablaufabschnitte (oder „Ablaufschritte" in der Terminologie dieses Leitfadens) detailliert erfasst. Diese Abschnitte werden eingestuft als: „wertschöpfen", „transportieren", „prüfen", „liegen", „lagern".

Außerdem werden der Zeitbedarf je Schritt und ggf. die während des Schrittes zurückgelegten Wege ermittelt und festgehalten. Der Anteil der einzelnen Ablaufarten an der Anzahl der Gesamtabschnitte und der Gesamtdauer wird ausgewiesen (Abb. 5.20).

Wofür ist das Werkzeug nützlich?
Die „Bilanz" der Ablaufarten weist auf Verbesserungspotenziale hin (bspw. hohe Anteile von Transport-, Liege- und Prüfzeiten). Das ist v. a. für Prozesse mit hohen Wiederholraten nützlich. Abschnitte, die Verschwendung verursachen, sind direkt erkennbar und Verbesserungen können gezielt geplant werden.

3.5.16 Medianzyklusdiagramm

Was leistet das Werkzeug?
Im Medianzyklusdiagramm sind der zeitliche Verlauf der Abweichung oder von Prozessergebnissen und der Median (mittlerer Wert der nach Größe sortierten Werte, z. B. 6 für die Zahlen 4, 5, 6, 7, 8) der Daten zusammen dargestellt.

Wofür ist das Werkzeug nützlich?
Je nachdem, wie oft sich die Zeitverlaufskurve ober- oder unterhalb des Medians befindet, kann geschlossen werden, ob auftretende Schwankungen der Abweichung oder Zielgröße im Bereich der so genannten zufallsbedingten Variation liegen, oder ob außerordentliche Störeinflüsse wirksam sind.

Das Diagramm in Abb. 3.17 hat beispielsweise 7 Medianzyklen bei 12 nicht auf dem Median liegenden Datenpunkten. Für diese Rahmenbedingungen kann laut Medianzyklustabelle von zufallsbedingter Variation ausgegangen werden, solange die Anzahl der Medianzyklen zwischen 3 und 10 beträgt (siehe entsprechendes Tabellenblatt in der Werkzeugdatei nach Rath und Strong 2008).

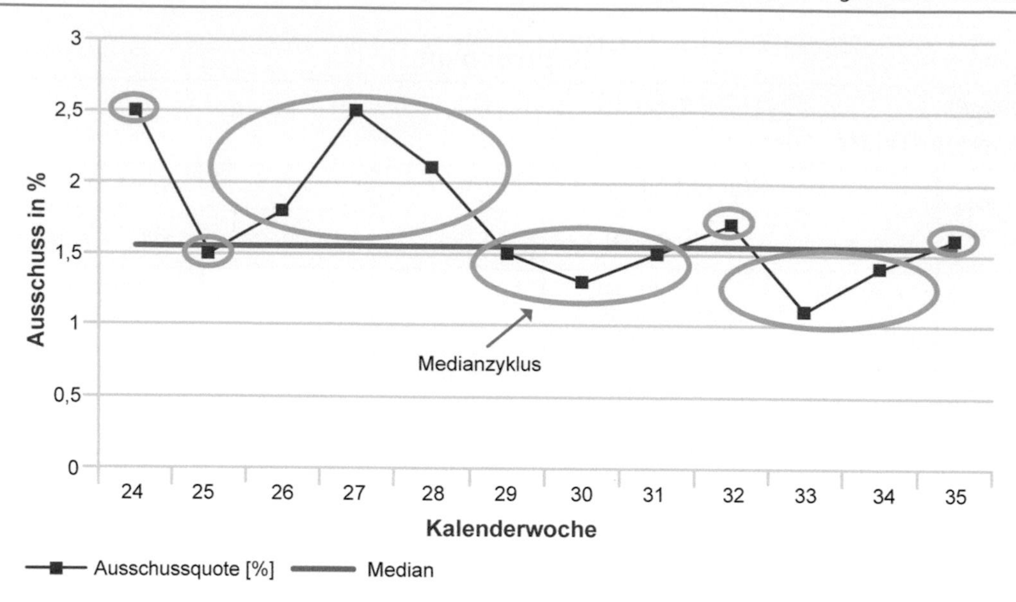

Abb. 3.17 Medianzyklusdiagramm

3.5.17 Messsystemanalyse (MSA) für qualitative Daten

Was leistet das Werkzeug?
Die MSA für qualitative Daten gibt Auskunft darüber, ob mehrere Prüfer, die qualitative Daten ermitteln (z. B. Werkstück gut/schlecht) oder verschiedenen Kategorien zuordnen (z. B. Kundengutschrift wegen Ursache A, B, C oder D), unabhängig voneinander zuverlässige und übereinstimmende Ergebnisse ermitteln (Abb. 3.18).

Wofür ist das Werkzeug nützlich?
Die MSA hilft,

- zu ermitteln, wie groß der Anteil an der insgesamt beobachteten Variation ist, der durch das Messsystem verursacht wird;
- die Güte vorliegender Messwerte, die mit dem Messsystem ermittelt wurden, einzuschätzen;
- zu beurteilen, ob angestrebte Verbesserungen mit dem Messsystem überhaupt sicher erkannt werden können;
- Verbesserungsbedarf am Messsystem zu erkennen.

In Abb. 3.18 sind die Ergebnisse einer Analyse dargestellt, bei der drei Prüfer in 14 Fällen ein Merkmal jeweils zweimal geprüft haben. Der geringe Anteil korrekter und übereinstimmender Prüfergebnisse deutet auf Verbesserungsbedarf am Messsystem hin.

3.5.18 Messsystemanalyse (MSA) für quantitative Daten (automatisch gemessen)

Was leistet das Werkzeug?
Die MSA gibt Auskunft darüber, ob automatisierte Messeinrichtungen, die quantitative Daten erfassen (z. B. Längen, Durchmesser etc.), zuverlässige und reproduzierbare Ergebnisse ermitteln.

Wofür ist das Werkzeug nützlich?
Es ermittelt, ob die durch das Messsystem verursachte Variation klein genug ist, um zuverlässig zu beurteilen, ob Ergebnisse sicher innerhalb der zulässigen Toleranzen liegen. Wenn der Toleranzbereich bspw. 1/10 mm beträgt und das Messsystem bereits 2/10 mm Variation aufweist, kann damit nicht zuverlässig beurteilt werden, ob Werkstücke im Toleranzbereich liegen oder nicht.

Ein Beispiel ist Abb. 5.14 zu entnehmen.

3.5.19 Messsystemanalyse (MSA) für quantitative Daten (manuell)

Die Messsystemanalyse im Begleitmaterial wurde von Herrn Burkhard Korte (www.qmunternehmensberatung.de) erstellt, der freundlicherweise sein Einverständnis gegeben hat, das Werkzeug zur Verfügung zu stellen.

Untersuchung von: Werkstück 4711 **Datum: 12.01.2018**

Erfasst werden können qualitative Daten, wie gut/schlecht oder Ursache A, B, C, D oder Ursache 1, 2, 3, 4, 5. Diese müssen als Zahlen 1, 2, 3, 4 etc. eingegeben werden (beispielsweise 1 = gut, 2 = schlecht oder 1 = Ursache A, 2 = Ursache B, 3 = Ursache C).

		Prüfer 1				Prüfer 2				Prüfer 3				alle Prüfer gleich	alle Prüfer gleich Ist-Zustand
Probe/ Fall	Ist-Zustand	1. Ergebnis	2. Ergebnis	1 = 2?	1 = 2 = Ist?	1. Ergebnis	2. Ergebnis	1 = 2?	1 = 2 = Ist?	1. Ergebnis	2. Ergebnis	1 = 2?	1 = 2 = Ist?		
1	1	2	1	FALSCH	FALSCH	1	1	WAHR	WAHR	2	2	WAHR	FALSCH	FALSCH	FALSCH
2	2	2	2	WAHR	WAHR	1	1	WAHR	FALSCH	2	1	FALSCH	FALSCH	FALSCH	FALSCH
3	2	1	2	FALSCH	FALSCH	2	1	FALSCH	FALSCH	2	2	WAHR	WAHR	FALSCH	FALSCH
4	2	1	2	FALSCH	FALSCH	2	2	WAHR	WAHR	2	2	WAHR	WAHR	FALSCH	FALSCH
5	2	1	2	FALSCH	FALSCH	1	2	FALSCH	FALSCH	2	2	WAHR	WAHR	FALSCH	FALSCH
6	1	2	1	FALSCH	FALSCH	1	1	WAHR	WAHR	1	1	WAHR	WAHR	FALSCH	FALSCH
7	1	1	1	WAHR	WAHR	2	2	WAHR	FALSCH	1	2	FALSCH	FALSCH	FALSCH	FALSCH
8	1	2	2	WAHR	FALSCH	1	1	WAHR	WAHR	1	1	WAHR	WAHR	FALSCH	FALSCH
9	2	2	2	WAHR	WAHR	1	1	WAHR	FALSCH	1	1	WAHR	FALSCH	FALSCH	FALSCH
10	2	1	2	FALSCH	FALSCH	2	2	WAHR	WAHR	2	2	WAHR	WAHR	FALSCH	FALSCH
11	1	1	2	FALSCH	FALSCH	1	1	WAHR	WAHR	1	1	WAHR	WAHR	FALSCH	FALSCH
12	1	1	1	WAHR	WAHR	1	1	WAHR	WAHR	1	1	WAHR	WAHR	WAHR	WAHR
13	2	1	1	WAHR	FALSCH	1	1	WAHR	FALSCH	1	1	WAHR	FALSCH	WAHR	FALSCH
14	2	2	2	WAHR	WAHR	2	2	WAHR	WAHR	2	2	WAHR	WAHR	WAHR	WAHR
Anzahl Übereinstimmungen				**7**	**5**			**12**	**8**			**12**	**9**	**3**	**2**
Anzahl ausgefüllter Zeilen				**14**				**14**				**14**		**14**	
Übereinstimmung in %				**50**	**36**			**86**	**57**			**86**	**64**	**21**	**14**

Abb. 3.18 Messsystemanalyse für qualitative Daten

Was leistet das Werkzeug?
Die MSA gibt Auskunft darüber, ob mehrere Prüfer, die quantitative Daten erfassen (Zeiten, Längen etc.), unabhängig voneinander zuverlässige und reproduzierbare Ergebnisse ermitteln.

Wofür ist das Werkzeug nützlich?
Es wird ermittelt, wie groß der Anteil an der beobachteten Variation ist, der durch das Messsystem verursacht wird.

Auf der Basis gesicherter Messwerte können zuverlässige Schlüsse über Ursachen gezogen und zielführende Maßnahmen geplant werden.

3.5.20 Normalverteilungstest

Was leistet das Werkzeug?
Der Normalverteilungstest gibt Auskunft darüber, ob die Daten einer Stichprobe normal verteilt sind oder nicht.

Wofür ist das Werkzeug nützlich?
Die Normalverteilung der Daten ist Voraussetzung für die Anwendung bestimmter Werkzeuge und Tests (z. B. t-Test und Prozessfähigkeitsanalyse).

Wie führe ich einen Normalverteilungstest durch?
Als Werkzeug für Prüfung auf Normalverteilung kann z. B. die als Testversion befristet kostenfrei verfügbare Software „Process Capability Wizard“ der Firma Symphony Technologies (www.symphonytech.com) genutzt werden. Weitere Informationen hierzu finden Sie unter „Prozessfähigkeitsanalyse“ (Abb. 3.21).

3.5.21 Paarweiser Vergleich

Was leistet das Werkzeug?
Der paarweise Vergleich hilft, im Projektteam gemeinsam Kriterien oder Faktoren zu gewichten und in eine Rangfolge zu bringen.

Um Entscheidungen zu vereinfachen und zu objektivieren, werden dabei immer nur zwei Kriterien gleichzeitig miteinander verglichen (Abb. 3.19).

Wofür ist das Werkzeug nützlich?
Bei der Gewichtung von Einflussfaktoren hinsichtlich ihrer Wirkung auf die Abweichung kann der paarweise Vergleich unterstützend oder alternativ zur Ursache-Wirkungs-Tabelle oder dem Fischgrätdiagramm eingesetzt werden.

3.5.22 Paretodiagramm

Was leistet das Werkzeug?
Das Paretodiagramm stellt quantitative Merkmale einer begrenzten Anzahl von Kategorien dar, z. B. Umsatz je Standort, Wirkungsgrad je Maschine, Einwohnerzahl je Stadt etc., sortiert nach Häufigkeit.

In Abb. 3.20 sind als Beispiel Anzahl und Anteile verschiedener Regionen an den gesamten Kundenreklamationen dargestellt.

Wenn stattdessen eine größere Anzahl quantitativer Daten nach Häufigkeitsklassen sortiert werden soll, ist dafür das ebenfalls verfügbare Werkzeug „Häufigkeitsdiagramm" verwendbar – siehe Tabellenblatt „Beschreibung und Anwendung". (Beispiel: Für 500 gemessene Durchlaufzeiten soll festgestellt werden, wie oft bis 10, 10 bis 12, 12 bis 14, 14 bis 16, 16 bis 18, etc. Tage benötigt wurden.).

Wofür ist das Werkzeug nützlich?
Relevante Faktoren oder besonders häufige Werte können direkt abgelesen werden.

3.5.23 Pivotdiagramm

Was leistet das Werkzeug?
Mithilfe des Pivotdiagramms können die Auswirkungen verschiedener Einflussfaktoren auf eine Ausgangs- oder Zielgröße grafisch interaktiv untersucht werden (Abb. 5.12).

Wofür ist das Werkzeug nützlich?
Die Werte der Einflussfaktoren, bei denen die Zielgröße keine oder möglichst geringe Abweichungen aufweist, können damit entdeckt werden.

3.5.24 Prozessfähigkeitsanalyse

Für die Prozessfähigkeitsanalyse stehen im Internet freie oder kommerzielle Werkzeuge zur Verfügung. In der ersten Auflage dieses Buches wurde auf die Freeware „Process Capability Calculator" der Firma Symphony Technologies (www.symphonytech.com) als Beispiel hingewiesen. Diese wurde inzwischen weiterentwickelt. Eine befristete kostenlose Testversion des neuen Programms. „Process Capability Wizard" kann unter http://www.symphonytech.com/pcwizard.htm heruntergeladen werden. Wenn das Werkzeug „Prozessfähigkeitsanalyse" in der Modulansicht oder der Werkzeugliste erstmals gewählt wird, erscheint der Verweis auf die genannte Adresse. Wenn zu späteren Zeitpunkten weitere Analysen durchgeführt werden sollen, muss das Programm direkt geöffnet werden. Die Links in Moduldarstellung und Werkzeugliste führen nicht zum Programm, sondern nur zur Werkzeugbeschreibung mit Downloadmöglickeit. Nähere Informationen zur Anwendung des

Rangkriterien: 2 = wichtiger 1 = gleich 0 = unwichtiger	1. Farbe	2. Marke	3. Verbrauch	4. Anzahl Sitze	5.	6.	7.	8.	9.	10.	Summe
1. Farbe		0	0	0							0
2. Marke	2		0	1							3
3. Verbrauch	2	2		0							4
4. Anzahl Sitze	2	1	2								5
5.											0
6.											0
7.											0
8.											0
9.											0
10.											0

Abb. 3.19 Paarweiser Vergleich

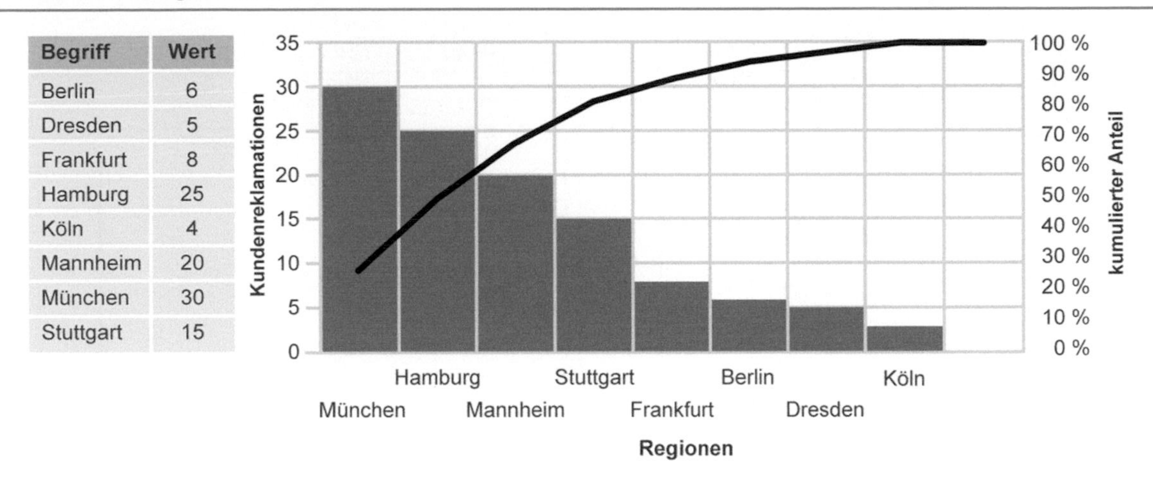

Abb. 3.20 Paretodiagramm

Programms und der Ergebnisinterpretation bietet die Hilfefunktion des Programms. Die Software umfasst auch einen Test auf Normalverteilung.

Was leistet das Werkzeug?
Mithilfe der Prozessanalyse kann anhand von Stichproben normal verteilter quantitativer Daten (z. B. Längenmaße) die Fähigkeit eines Prozesses/Ablaufs beurteilt werden, bestimmte Vorgaben einzuhalten. Dabei wird der zulässige Toleranzbereich T (z. B. Länge soll zwischen 19 und 21 mm betragen) mit der beobachteten Variation der Prozessergebnisse, die durch die Standardabweichung σ charakterisiert ist, verglichen.

Wofür ist das Werkzeug nützlich?
Die Fähigkeit eines Prozesses oder Ablaufes, vorgegebene Anforderungen zu erfüllen, ist eindeutig quantifiziert und allgemein vergleichbar ausgewiesen.

Wie führe ich eine Prozessfähigkeitsanalyse durch?
Grundsätzlich wird der Prozessfähigkeitsindex (Cp) für normalverteilte Daten nach folgender Formel bestimmt:

$$Cp = \frac{Toleranzbereich}{6\,x\,Standardabweichung} = \frac{T}{6\sigma}$$

Der Bereich 6 σ im Nenner wurde gewählt, weil bei normal verteilten Daten 99,7 % aller Werte im Bereich von −3 σ bis + 3 σ um den Mittelwert liegen. Cp = 1 bedeutet, 99,7 % aller Ergebnisse sind im Toleranzbereich, also brauchbar. Üblicherweise soll der Wert für Cp mindestens 1,33 betragen. Der Toleranzbereich ist dann etwa ein Drittel größer als 6 σ, was einer „Sicherheit" von 33 % entspricht.

Der Kennwert Cp ist aussagefähig, solange die Daten symmetrisch im Toleranzbereich liegen. Wenn der Mittelwert in Richtung des oberen oder unteren Grenzwertes verschoben ist, erhöht sich die Wahrscheinlichkeit, dass unbrauchbare Ergebnisse auftreten, obwohl der Cp-Wert „gut" ist. Für die Beurteilung der Prozessfähigkeit ist dann der kritische Prozessfähigkeitsindex Cpk relevant. Dieser entspricht dem kleineren der beiden Fähigkeitsindizes für den oberen Grenzwert (Cpo) und den unteren Grenzwert (Cpu).

$$Cpu = \frac{|Xm - UG|}{3\sigma}$$

$$Cpo = \frac{|OG - Xm|}{3\sigma}$$

UG: Unterer Grenzwert, OG: Oberer Grenzwert, Xm: Mittelwert

Diese Erläuterungen bieten nur einen Einstieg in die Thematik. Eine vollständige Darstellung des theoretischen Hintergrundes ist an dieser Stelle nicht möglich.

Für die Analyse der Prozessfähigkeit werden Stichprobenwerte in die Eingabetabelle des Programms Process Capability Wizard eingetragen. Die Daten können manuell eingegeben oder beispielsweise aus Excel kopiert und eingefügt werden. Das Programm wertet die Daten aus und erstellt eine Ausgabe, Abb. 3.21. Dieser sind folgende Informationen zu entnehmen, wobei die Abbildung von der Programmansicht im Detail infolge von Versionsaktualisierungen abweichen kann:

1) Häufigkeitsdiagramm der eingegebenen Daten
2) oberer und unterer Grenzwert, Zielwert (Vorgaben) sowie Anzahl und Mittelwert der Eingabedaten
3) Ergebnisse jenseits der Grenzwerte in ppm (Parts per Million, Fälle pro Million)

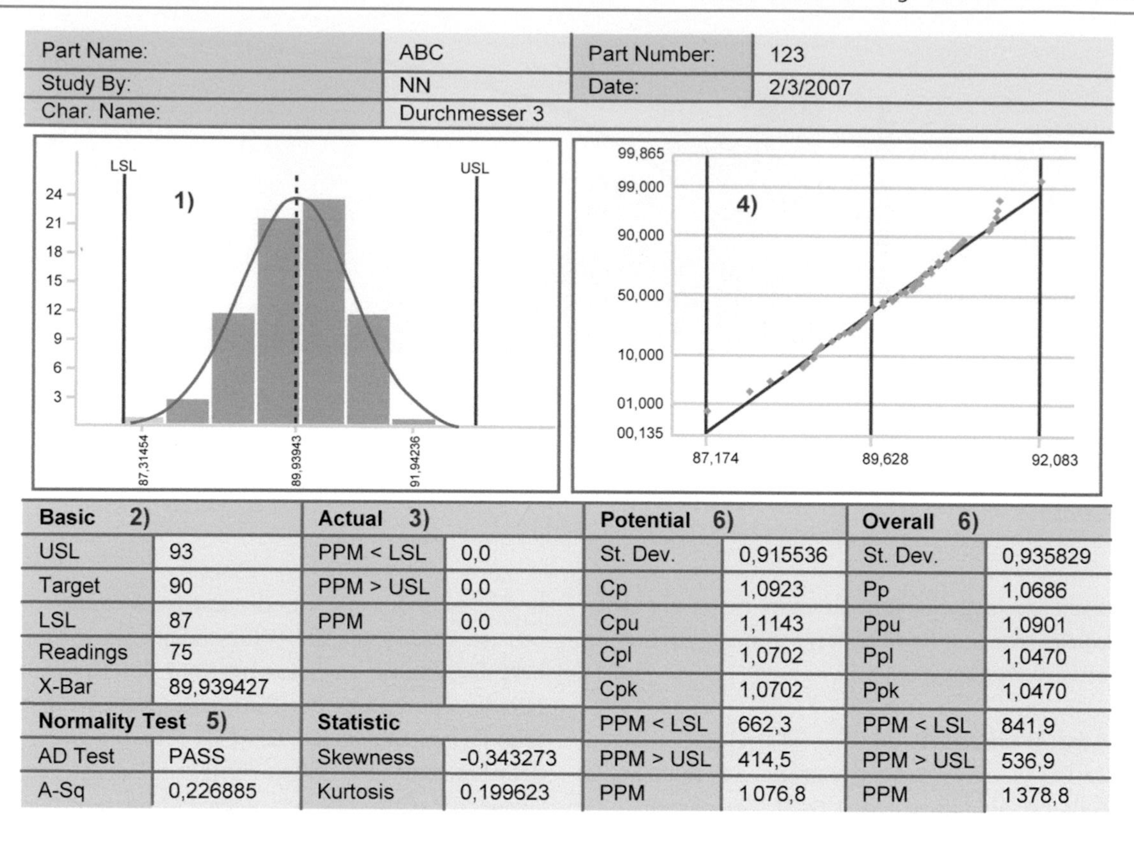

Part Name:	ABC	Part Number:	123
Study By:	NN	Date:	2/3/2007
Char. Name:	Durchmesser 3		

Basic 2)		Actual 3)		Potential 6)		Overall 6)	
USL	93	PPM < LSL	0,0	St. Dev.	0,915536	St. Dev.	0,935829
Target	90	PPM > USL	0,0	Cp	1,0923	Pp	1,0686
LSL	87	PPM	0,0	Cpu	1,1143	Ppu	1,0901
Readings	75			Cpl	1,0702	Ppl	1,0470
X-Bar	89,939427			Cpk	1,0702	Ppk	1,0470
Normality Test 5)		**Statistic**		PPM < LSL	662,3	PPM < LSL	841,9
AD Test	PASS	Skewness	-0,343273	PPM > USL	414,5	PPM > USL	536,9
A-Sq	0,226885	Kurtosis	0,199623	PPM	1076,8	PPM	1378,8

Abb. 3.21 Ergebnisse Prozessfähigkeitsanalyse. (In Anlehnung an die Ergebnisdarstellung des Programms „Process Capability Wizard")

4) grafische Darstellung der kumulierten Häufigkeit der Daten in logarithmischem Maßstab. (Wenn die Daten „normal verteilt" sind [Gauß'sche Normalverteilung] liegen alle Punkte auf der blauen Geraden.)
5) Ergebnis eines statistischen Normalverteilungstests als Ergänzung zu 4) (Pass: Daten sind normal verteilt. Fail: Daten sind nicht normal verteilt.)
6) Anzeige der Prozessfähigkeitsindizes Cp und Pp und der Werte CpK und PpK.

Die Unterschiede zwischen Cp und Pp basieren auf der Berechnung der Standardabweichung. Ungeachtet der Bezeichnung, sind zur Beurteilung der Fähigkeit auf Basis einfacher Stichprobendaten die unter Pp und Ppk angegebenen Werte zu nutzen.

3.5.25 Regression

Was leistet das Werkzeug?
Mithilfe der linearen Regression kann der Zusammenhang zwischen einer abhängigen Variablen (Zielgröße) und unabhängigen Einflussfaktoren als lineare mathematische Funktion (Gerade) beschrieben werden.

Wofür ist das Werkzeug nützlich?
Werte der Einflussgröße, die für eine optimierte Zielgröße erforderlich sind, können errechnet oder Werte der Zielgröße für bestimmte Einflussfaktoren vorhergesagt werden (Abb. 3.22).

3.5.26 Statistische Kenngrößen

Was leistet das Werkzeug?
Diese Excel-Analyse-Funktion ermittelt die statistischen Kenngrößen eingegebener Daten.

Wofür ist das Werkzeug nützlich?
Alle relevanten Kenngrößen werden auf einmal bestimmt und angegeben, ohne dass nacheinander mehrere Funktionen aufgerufen werden müssen. Aus den Kenngrößen einer Stichprobe wird auf diejenigen der Grundgesamtheit geschlossen.

3.5.27 Strichliste/Begleitblatt

Was leistet das Werkzeug?
In Strichlisten/Begleitblättern werden Ursachen für Abweichungen (Störungen, Fehler, Verzögerungen, Rückfragen …)

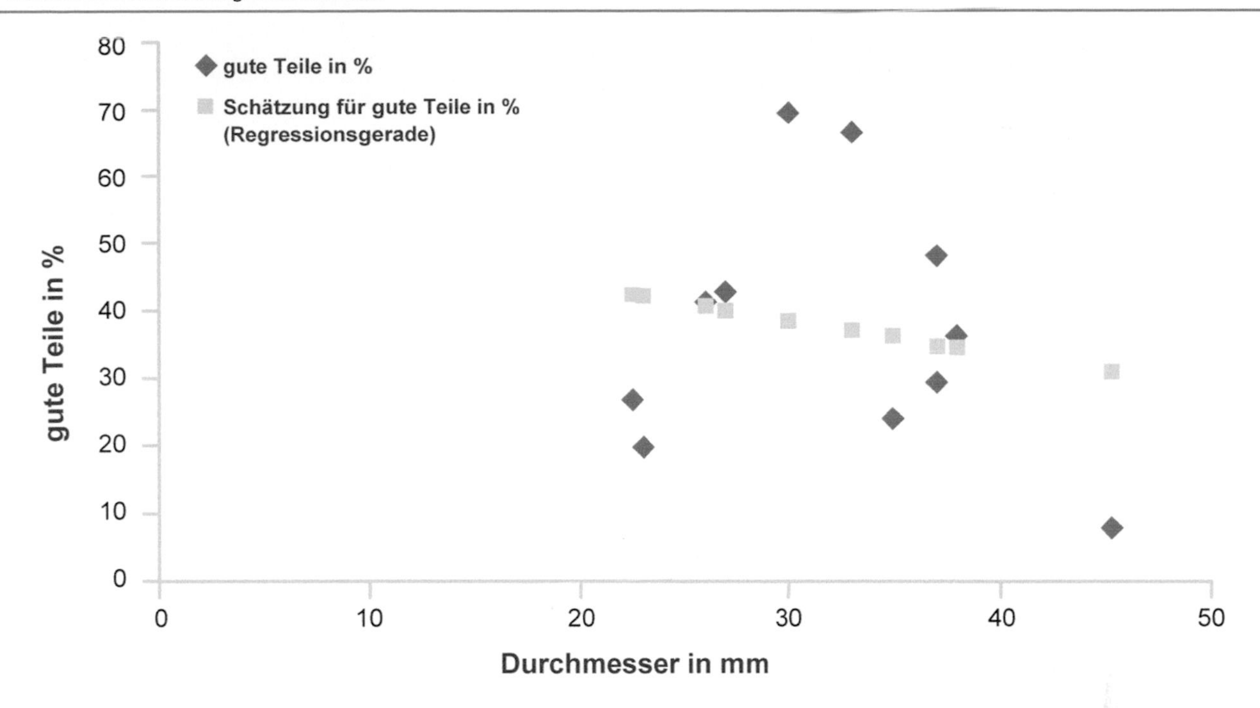

Abb. 3.22 Grafische Darstellung von Regressionsergebnissen

oder sonstige Ereignisse durch Aufschreibung der Mitarbeiter dokumentiert.

Strichlisten dienen der Dokumentation von Abweichungen an einem Ort (bspw. Abfüllstation oder Vertriebsbüro) über einen bestimmten Zeitraum (bspw. Schicht, Tag, Woche …), (Abb. 3.23).

Begleitblätter dienen bspw. der Erfassung von Durchlaufzeiten, Abweichungsursachen und -folgen (Verzögerungen, zusätzlichem Aufwand …) für alle Ablaufereignisse über einen bestimmten Zeitraum, bspw. alle Kundenanfragen, Rechnungen, Rüstvorgänge oder hergestellten Produkte der Sorte XYZ für den Monat Juni. Am Ende dieses Erfassungszeitraums können die Einzelinformationen zusammengefasst und ausgewertet werden (Abb. 3.24).

Wofür ist das Werkzeug nützlich?
Abläufe, zu denen bislang keine Zahlen, Daten und Fakten vorliegen, können mit wenig Aufwand relativ schnell und zuverlässig transparent gemacht werden.

3.5.28 Ursache-Wirkungs-Tabelle

Was leistet das Werkzeug?
Die Ursache-Wirkungs-Tabelle hilft dem Verbesserungsteam, eine erste Einschätzung der Wirkung verschiedener Einflussfaktoren auf die Abweichung vorzunehmen.

Wofür ist das Werkzeug nützlich?
Um die tatsächliche Wirkung von Einflussfaktoren genauer zu untersuchen, sind Datenerhebungen und -auswertungen erforderlich. Der Aufwand hierfür kann dadurch begrenzt werden, dass zunächst nur die Faktoren untersucht werden, die aus Sicht des Teams vermutlich besonders großen Einfluss auf die Abweichung haben, siehe Abb. 5.11.

> Achtung: Die Einschätzung des Teams ist dabei wichtig, aber noch kein Beweis dafür, dass ein Fehler die Abweichung tatsächlich verursacht.

3.5.29 Verbesserungsvereinbarung

Was leistet das Werkzeug?
Die Verbesserungsvereinbarung fasst alle von den Experten des Teams zusammengetragenen Fakten zur Abweichung, deren aktueller Höhe, den dadurch verursachten Kosten und weiteren Nachteilen in einem Dokument zusammen. Sie enthält auch Abstimmungen über Schwerpunkte, Ziele, mögliche Einsparungen, weitere erwartete Vorteile, die Zusammensetzung des Verbesserungsteams und den Terminplan.

Unterschriften der Prozessverantwortlichen, des verantwortlichen Bearbeiters/Koordinators und evtl. weiterer wichtiger Beteiligter bestätigen die Verbindlichkeit, siehe Abb. 5.9 und 5.19.

Wofür ist das Werkzeug nützlich?
Die Inhalte der Vereinbarung begünstigen eine sorgfältige und zielgerichtete Ausrichtung der Verbesserungsarbeit und sind die Basis für eine objektive und faire Beurteilung der Ergebnisse. Falls das geplante Vorgehen nicht erfolgreich ist,

Bereich:	Abfüllstation	
Aufgabe/Tätigkeit:	Füllen der Cornflakeskartons	
Zeitraum:	19. Januar 2018	
Ausgefüllt von:	Herr Muster	

Störungsart/Fehlerursache	Häufigkeit	Bemerkungen
Kartontransport	卌 卌 ||	
Metallprüfung	||||	
kein Produkt	卌 ||	
Versiegelungsstation	||	
Barcode-Druck	|||	
Förderband		
fehlerhaftes Produkt	卌	verbrannte Flakes ||| zu geringes Gewicht ||
sonstige	||	

Abb. 3.23 Strichliste. (In Anlehnung an Rath und Strong 2008, S. 37)

Aufgabe/Tätigkeit:	Kundenanfrage beantworten	Start:	10.01.2018
Gegenstand:	Anfrage 3476	Ende:	13.01.2018
Ausgefüllt von:	Frau Muster …	Dauer:	3 Tage

Störungsart/Fehlerursache	Dauer	Bemerkungen
Lagerbestand für Artikel 458.659 am Bildschirm im Menüpunkt »Bestände« nicht einsehbar	3 Tage	Bestandsanzeige im EDV-System außer Funktion; telefonische Anfrage im Lager, Rückmeldung 2 Tage

Abb. 3.24 Begleitblatt

helfen die Inhalte dem Team bei der Überarbeitung und Neuausrichtung der Aktivitäten.

3.5.30 5 x Warum

Was leistet das Werkzeug?
Zunächst werden mögliche Ursachen für Abweichungen aus der Sicht erfahrener Mitarbeiter mithilfe der ersten Warum-Frage bestimmt. Zu jeder potenziellen Ursache liefern weitere Warum-Fragen mögliche tiefer liegende Ursachen, bis die eigentlichen Kernursachen entdeckt sind. Dabei muss nicht immer genau 5-mal „Warum" gefragt werden. Manchmal reichen schon 3 Warum-Fragen, wohingegen in anderen Fällen mehr als 5 Warum-Fragen nötig sein können, um zur eigentlichen Ursache vorzudringen. Um diese zu beseitigen, sind anschließend Maßnahmen zu entwickeln und umzusetzen. Die intuitive und praxistaugliche Frage- und Analysetechnik ist vielen aus Gesprächen mit Kindern bekannt. Sie hilft auch, in der betrieblichen Praxis die tatsächlichen Abweichungsursachen zu entdecken, die oft unerkannt bleiben.

Wofür ist das Werkzeug nützlich?
Es liefert schnell mögliche Ursachen und deren potenzielle "Unter-Ursachen" und hilft, diese zusammenhängend darzustellen. So erhält der Anwender schnell eine Gesamtübersicht für die weitere Arbeit und Prüfung, siehe Abb. 3.25.

3.5.31 Zeitverlaufsdiagramm

Was leistet das Werkzeug?
Im Zeitverlaufsdiagramm sind der zeitliche Verlauf und die Entwicklung der Abweichung, der Durchschnittswert der Vergangenheitsdaten, Ziel und aktuelle Situation zusammen dargestellt.

Wofür ist das Werkzeug nützlich?
Vergangenheit, Projektauswirkung und die Nachhaltigkeit der ergriffenen Maßnahmen können auf einen Blick erfasst und beurteilt werden, siehe Abb. 5.16.

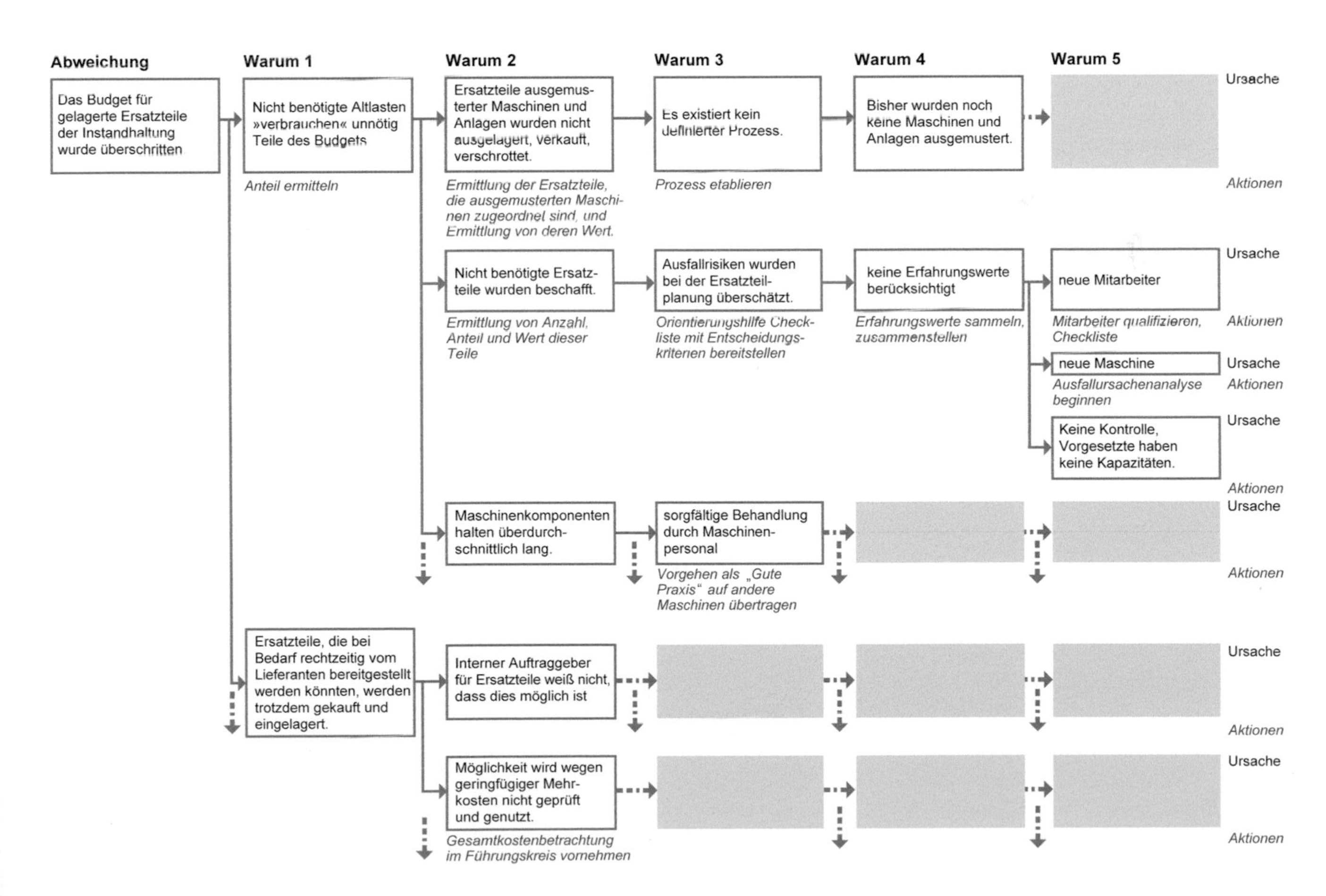

Abb. 3.25 5 x Warum - am Beispiel einer Überschreitung des Ersatzteilbudgets (Auszug)

3.5.32 Zielwertanalyse

Was leistet das Werkzeug?
Mithilfe der Zielwertsuche kann bei bekanntem mathematischen Zusammenhang zwischen Zielgröße und Einflussgrößen genau bestimmt werden, welche Werte die Einflussgröße haben muss, damit die Zielgröße einen bestimmten Wert annimmt.

Wofür ist das Werkzeug nützlich?
Die erforderlichen Werte der Einflussgröße für die Erreichung eines Zieles können schnell und ohne „Probieren" bestimmt werden.

Literatur

Krauer R (2003) Der Projektauswahlprozess – Schlüsselfaktor des Six Sigma Programmes bei Norgren. In: Töpfer A (Hrsg) Six Sigma. Konzeption und Erfolgsbeispiele für praktizierte Null-Fehler Qualität. Springer, Berlin

Rath & Strong (2008) Six Sigma Pocket Guide. TÜV Media GmbH, TÜV Rheinland Group, Köln

Töpfer A (Hrsg) (2003) Six Sigma. Konzeption und Erfolgsbeispiele für praktizierte Null-Fehler Qualität. Springer, Berlin

4 Anwendungsmöglichkeiten des Leitfadens

Frank Lennings

Der Leitfaden ist in verschiedenen betrieblichen Situationen nutzbar. Beispielsweise zur Umbruch korrigieren, Zeilenabstand zu groß

- Umsetzung von Unternehmensvisionen, -strategien und -zielen durch aufeinander abgestimmte Aktivitäten mit breiter Wirkung, in den verschiedensten Ebenen und Bereichen des Unternehmens (koordinierte Aktivitäten),
- gezielten Beseitigung einzelner besonders störender Abweichungen (unkoordinierte Aktivitäten),
- Unterstützung verschiedenster betrieblicher Aktionen und Initiativen,
- Umsetzung strategischer „Leuchtturm-Verbesserungen" zur Motivation.

Der Leitfaden ist zudem für verschiedene Typen von Abweichungen (siehe hierzu auch Abschn. 2.2) nutzbar. Die Inhalte und Ergebnisse der Arbeitsschritte der Module können dabei sehr unterschiedlich sein, das übergeordnete Prinzip gilt jedoch in allen Fällen. In Abb. 4.1a, b wird dies in Form einer tabellarischen Zusammenfassung für drei unterschiedliche Fälle beispielartig verdeutlicht.

Beispiel 1: Qualitätsabweichung im Bereich der Fertigung
Beispiel 2: Durchlaufzeit im administrativen Bereich zu lang
Beispiel 3: Herstellkosten aufgrund geänderter Kosten für Zukaufteile zu hoch

Bei der Anwendung des Leitfadens ist zu beachten:

- Der Leitfaden ist in erster Linie gedacht für die Beseitigung von Abweichungen infolge unbekannter Ursachen. Deshalb muss naturgemäß mehr Aufwand betrieben werden als bei bekannten Ursachen. Dieser Mehraufwand begünstigt jedoch letztlich den zielgerichteten Einsatz der Ressourcen.
- Das beschriebene Vorgehen ist eine Maximalvariante. Es müssen nicht immer alle aufgeführten Schritte durchgeführt werden. Teilweise können Schritte übersprungen werden, wenn die Ergebnisse – beispielsweise Messwerte – bereits vorliegen.
- Die bereitgestellten Werkzeuge sind auf eine Mischung typischer Vorhaben abgestimmt. In einem Verbesserungsvorhaben sind i. d. R. nicht alle Werkzeuge anwendbar.

Bestimmte Aufgaben nicht lineare Modelle erstellen oder statistische Versuchsplanung durchführen etc. – sind mit den beigefügten Werkzeugen nicht durchführbar.

Der Werkzeugkasten ist nur ein Grundstock, der mit wachsenden Erfahrungen bedarfsbezogen ergänzt oder reduziert werden kann.

Für die erfolgreiche Anwendung des Leitfadens sind in jedem Fall folgende Punkte relevant:

- Verantwortliche und Führungskräfte der beteiligten Bereiche initiieren die Verbesserung und treiben sie persönlich oder in enger Zusammenarbeit mit einem Bearbeiter/Koordinator voran.
- Für die Bearbeitung ist ein realistischer und der Bedeutung der geplanten Verbesserung angemessener Anteil der Arbeitszeit der Akteure vorgesehen und auch verfügbar.
- Ein Team mit Experten aus allen vom Vorhaben betroffenen Bereichen unterstützt die Verbesserungsarbeit.
- Alle Mitarbeiter werden per Aushang oder Präsentation regelmäßig über die geplante Verbesserung, den Stand der Arbeiten sowie die aktuellen Werte der eingeführten Kennzahlen und Messgrößen informiert.
- Maßnahmen gegen die ermittelten Ursachen der Abweichungen werden dauerhaft in Form neuer Arbeits- und Prozessstandards etabliert.
- Auch nach erfolgreicher Verbesserung werden Kennzahlen dauerhaft weiter überwacht.

F. Lennings (✉)
ifaa – Institut für angewandte Arbeitswissenschaft e. V., Düsseldorf, Deutschland
e-mail: f.lennings@ifaa-mail.de

ifaa – Institut für angewandte Arbeitswissenschaft e. V. (Hrsg.), *Abläufe verbessern - Betriebserfolg garantieren*, ifaa-Edition,
https://doi.org/10.1007/978-3-662-57695-3_4

		Beispiel 1 Ausschussanteil infolge mangelnder Oberflächengüte bei Teilefamilie A senken	**Beispiel 2** Durchlaufzeit (DLZ) der Lieferantenrechnungen senken	**Beispiel 3** Kosten für Fertigteile (Zukauf) von Produkt B senken
Verbesserung planen und vereinbaren	Abweichung definieren	Rauhtiefe > 2,5 µm, wird automatisch gemessen und fehlerhafte Teile aussortiert	DLZ > 3 Tage (Datum Posteingang bis Kontobelastung)	Kosten um 10 % überschritten wegen Rohstoffpreisanstieg
	Abweichung gemessen?	Ja, Messwerte liegen über Jahre vor, durchschnittlicher Ausschuss des letzten Jahres 3,6 %	Daten für Eingang und Belastung vorhanden, aber nicht ausgewertet → 10 % mit DLZ > 3 Tage	Ja, Materialkosten über Controlling verfügbar
	Unternehmensabläufe und Einflussfaktoren einkreisen, welche die Abweichung veursachen könnten	Einkauf (Materialspezifikation) u. Schleiferei (Schleifmittel und Maschinenparameter)	Poststelle und Buchhaltung (Liege- und Bearbeitungszeiten), Wareneingang (WE) (Prüfzeiten)	Einkauf (Lieferantenwahl), Konstrukion (Materialmenge und Fertigungsaufwand)
	Umfang, Ziele und Organisation der Verbesserungsaktivitäten planen	Ziel 1 %	Ziel nur 2 % > DLZ 3 Tage	Ziel 0 % Kostenüberschreitung
	Erfolgschancen und Risiken des Projektes prüfen	Alle wichtigen Personen informiert und eingebunden? Können Akteure die Ursachen beeinflussen?	Alle wichtigen Personen informiert und eingebunden? Können Akteure die Ursachen beeinflussen?	Alle wichtigen Personen informiert und eingebunden? Können Akteure die Ursachen beeinflussen?
	Verbesserungsvereinbarung abschließen	Ausgefüllte Vereinbarung unterzeichnen	Ausgefüllte Vereinbarung unterzeichnen	Ausgefüllte Vereinbarung unterzeichnen
Fakten und Daten erfassen	Ablaufdiagramm erstellen und Faktoren bestimmen, deren Einfluss untersucht werden soll	Einkauf (Legierung, Lieferant, ...) und Schleiferei (Werkzeug A, B, C und Schleifgeschwindigkeit)	Produkt, Preis, Lieferant, WE-Prüfung (ja/nein), Rücksprache mit Lieferant erforderlich (ja/nein)	ohne Diagramm: konstruktive Lösung, Lieferant, Vertragsbedingungen, ggf. eigene Fertigung
	Gibt es bereits auswertbare Daten?	zur Abweichung ja, zu den Faktoren nein	zu Preis und WE-Prüfung ja, zu Rücksprachen und deren Ursachen nein	zu Materialkosten gesamt ja, zu Einzelteilpreisen ja
	Regelmäßige Messung der Abweichung einrichten und Messung der Einflussfaktoren (EF) planen	Messung der Abweichung besteht, Messung der EF planen	»Begleitblatt« zu Rückspracheursachen und -dauer vorbereiten	nicht erforderlich, Daten liegen vor
	Messsystem fähig?	Ja, vor einer Woche bestätigt	Unklar, Einträge im Begleitblatt sporadisch prüfen	Ja, Fähigkeit des Kostenrechnungssystems geprüft
	Daten zur Abweichung und den gewählten Einflussfaktoren wie geplant erfassen	für verschiedene Materialien, Spannvorrichtungen und Schleifgeschwindigkeiten	6-wöchige Aufschreibung (Begleitblatt für jede Rechnung)	nicht erforderlich, Daten liegen vor

Abb. 4.1a Inhalte und Ergebnisse der Arbeitsschritte bei unterschiedlichen Verbesserungsvorhaben (Teil 1)

		Beispiel 1 Ausschussanteil infolge mangelnder Oberflächengüte bei Teilefamilie A senken	**Beispiel 2** Durchlaufzeit (DLZ) der Lieferantenrechnungen senken	**Beispiel 3** Kosten für Fertigteile (Zukauf) von Produkt B senken
Ursachen für die Abweichung erkennen	Abweichung und deren Schwankungen darstellen und untersuchen	Zeitverlaufsdiagramm liegt vor, Medianzyklusdiagramm zeigt nur zufallsbedingte Schwankungen	Zeitverlaufs- und Medianzyklusdiagramm aus alten Daten erstellen	liegt vor, kontinuierlicher Anstieg seit 15 Monaten
	Zusammenhang von Abweichung und gemessenen Einflussfaktoren darstellen und untersuchen	Einfluss von Spannvorrichtung und Schleifgeschwindigkeit im Kastendiagramm erkennbar	Kastendiagramme aus Aufschreibung → WE-Prüfung und Rücksprachen beeinflussen DLZ stark	Paretodiagramm für Preise der Fertigteile erstellen
	Faktoren mit dem größten Einfluss auf die Abweichung bestimmen	aus Kastendiagramm → Vorrichtung 1 besser als 2; aus T-Test → Geschwindigkeit wichtig	siehe oben	»Kostentreiber« ablesen aus Pareto: 5 von 16 Teilen verursachen 70 % der Kosten
Ursachen entkräften und Erfolg kontrollieren	Wirkungsweise der wichtigen Einflussfaktoren untersuchen	Abweichung bei Schleifgeschwindigkeiten 60, 70, 80, 90 m/s messen	20 % der Rechnungen haben WE-Prüfung, davon 45 % mit DLZ > 3 Tage; 3 % der Rechnungen mit Rücksprache, davon 95 % mit DLZ > 3 Tage	Kostensenkung möglich durch Lieferantenwechsel (2×), Eigenfertigung statt Zukauf (1×), konstruktive Änderung (2×)
	Zielwert erreichbar?	mit Vorrichtung 1 und 80 m/s vorauss. 0,5 % erreichbar	Ja, wenn Verzögerungen durch WE-Prüfung beseitigt werden könnten	durch o. g. Maßnahmen ad hoc 2 % Kostenüberschreitung erreichbar
	Maßnahmen planen und umsetzen	weitere Vorr. Typ 1 beschaffen, Typ 2 ausmustern, NC-Programme anpassen, Mitarbeiter schulen	tägliche Prioritätenliste für WE-Prüfung, 2. Prüfplatz für komplexe Prüfungen, Mitarbeiterschulungen, vermehrt Prüfung durch Lieferanten	Lieferanten wechseln (2×), Konstruktion ändern (2×), Umstellung auf Eigenfertigung (1×)
	Nachhaltigkeit durch Einführung von Standards und Kontrollen absichern	Visualisierung des Ausschusses, unangekündigte interne Audits, Zielvereinbarung	Visualisierung der Vortagesquote, unangekündigte interne Audits	Fortführung der Kostenkontrolle

[grau] Ergebnisse des Schrittes liegen bereits vor [weiß] Schritt muss bearbeitet werden

Abb. 4.1b Inhalte und Ergebnisse der Arbeitsschritte bei unterschiedlichen Verbesserungsvorhaben (Teil 2)

5 Anwendungserfahrungen und Praxisbeispiele

Frank Lennings, Holger Bart, Harald Nübel und Otmar Wette

Gemeinsam mit Mitgliedsverbänden und -unternehmen hat das ifaa die im Leitfaden beschriebene Vorgehensweise in zahlreichen betrieblichen Firmenzirkeln erprobt und ihre Praxistauglichkeit belegt. In Firmenzirkeln werden die Inhalte des Leitfadens nicht nur theoretisch vermittelt, sondern von den Teilnehmern für aktuelle betriebliche Verbesserungsaufgaben genutzt. An einem Firmenzirkel nehmen Vertreter von etwa drei bis sechs Unternehmen teil. Die Teilnehmer sind verantwortlich für die Umsetzung konkreter Verbesserungen in ihrem Unternehmen und koordinieren hierzu jeweils ein betriebliches Verbesserungsteam. Ein Firmenzirkel erstreckt sich insgesamt über einen Zeitraum von ca. sechs Monaten. In dieser Zeit werden alle Arbeitsschritte von der Erstellung der Verbesserungsvereinbarung bis zur Erfolgskontrolle von jedem Teilnehmer an seiner konkreten Aufgabe nachvollzogen. Dabei findet in Abständen von vier bis sechs Wochen für jedes Modul ein ganztägiges Treffen statt, bei dem die Teilnehmer Arbeitsschritte, Hintergründe und Werkzeuge des jeweiligen Moduls kennenlernen. Anschließend setzen die Teilnehmer bis zum nächsten Treffen die Arbeitsschritte des Moduls für ihre jeweilige Verbesserungsaufgabe um. Ihre Ergebnisse und Erfahrungen werden dann beim nächsten Treffen vorgestellt und diskutiert. Den Abschluss eines Firmenzirkels bildet ein halbtägiges Bilanztreffen, das mit etwas zeitlichem Abstand stattfindet. Hierbei stellen die Teilnehmer abschließend fest, was sie umgesetzt und welche Ergebnisse sie erreicht haben.

Die Einschätzung der Teilnehmer von Leitfaden und Firmenzirkel wurde per Fragebogen erhoben. Insgesamt konnten 67 Fragebögen von Unternehmensvertretern, die jeweils eine Verbesserungsaufgabe verantworteten und dafür den Leitfaden nutzten, in einer Auswertung berücksichtigt werden.

Die Firmenzirkelarbeit bietet aus Sicht der Teilnehmer offensichtlich einen deutlichen Mehrwert. Die Frage „Wie beurteilen Sie den Mehrwert der Firmenzirkelarbeit für sich und ihr Unternehmen?" konnte auf einer Schulnotenskala von 1 = deutlicher Mehrwert bis 5 = kein Mehrwert beantwortet werden. Die Bewertungen der Teilnehmer sind Abb. 5.1 zu entnehmen. Der Durchschnittswert beträgt 1,8. Die Bewertungen 4 oder 5 wurden nicht vergeben.

Bei der Frage nach den Ursachen des Mehrwerts waren folgende Antworten vorgegeben und Mehrfachantworten zulässig:

- Rahmenbedingungen (feste Termine, regelmäßige Präsentationen im Firmenzirkel ...)
- Austausch mit Vertretern anderer Unternehmen
- Unterstützung durch Verband und ifaa
- direkt anwendbare digitale Werkzeuge
- klar gegliederte Vorgehensweise und Arbeitsschritte

88 % der Teilnehmer betrachten die Vorgehensweise, 78 % die Werkzeuge als Ursachen für den Mehrwert. Danach folgen mit 64 % der Austausch mit Vertretern anderer Unternehmen sowie die Unterstützung durch den Verband und das ifaa aber auch die „disziplinierenden" Rahmenbedingungen des Firmenzirkels, mit regelmäßiger gegenseitiger Präsentation des aktuellen Arbeitsstandes Abb. 5.2.

Die Erfolgsquote ist hoch. 67 % der Befragten gaben an, dass sie bereits während der Laufzeit des Firmenzirkels grundlegende Verbesserungen erreicht haben. Weitere

F. Lennings (✉)
ifaa – Institut für angewandte Arbeitswissenschaft e. V., Düsseldorf, Deutschland
e-mail: f.lennings@ifaa-mail.de

H. Bart
F. W. Brökelmann Aluminiumwerk GmbH & Co. KG, Ense, Deutschland
e-mail: holger.bart@broekelmann.com

H. Nübel
Infineon Technologies Bipolar GmbH & Co. KG, Warstein, Deutschland
e-mail: Harald.Nuebel@infineon-bip.com

O. Wette
Infineon Technologies AG, Warstein, Deutschland
e-mail: Otmar.Wette@infineon.com

ifaa – Institut für angewandte Arbeitswissenschaft e. V. (Hrsg.), *Abläufe verbessern - Betriebserfolg garantieren*, ifaa-Edition,
https://doi.org/10.1007/978-3-662-57695-3_5

28 % der Teilnehmer erwarten diese in den nächsten sechs Monaten. Eine Auswahl der Teilnehmerantworten auf die Frage „Welche Ersparnisse oder Vorteile haben Sie erreicht?" ist in Abb. 5.3 zusammengestellt. Die Angaben belegen deutlich den Erfolg der Firmenzirkelarbeit. Sie verdeutlichen allerdings auch, dass administrative oder indirekte Prozesse bislang noch selten Verbesserungsgegenstand sind. Im Vordergrund stehen derzeit meist noch Produktionsprozesse.

Die Teilnehmer wurden auch gebeten anzugeben, welche Module des Leitfadens sie als besonders hilfreich empfunden haben. Auf diese Frage antworteten knapp die Hälfte der Befragten. Fast 90 % der Antwortenden fanden Modul I,

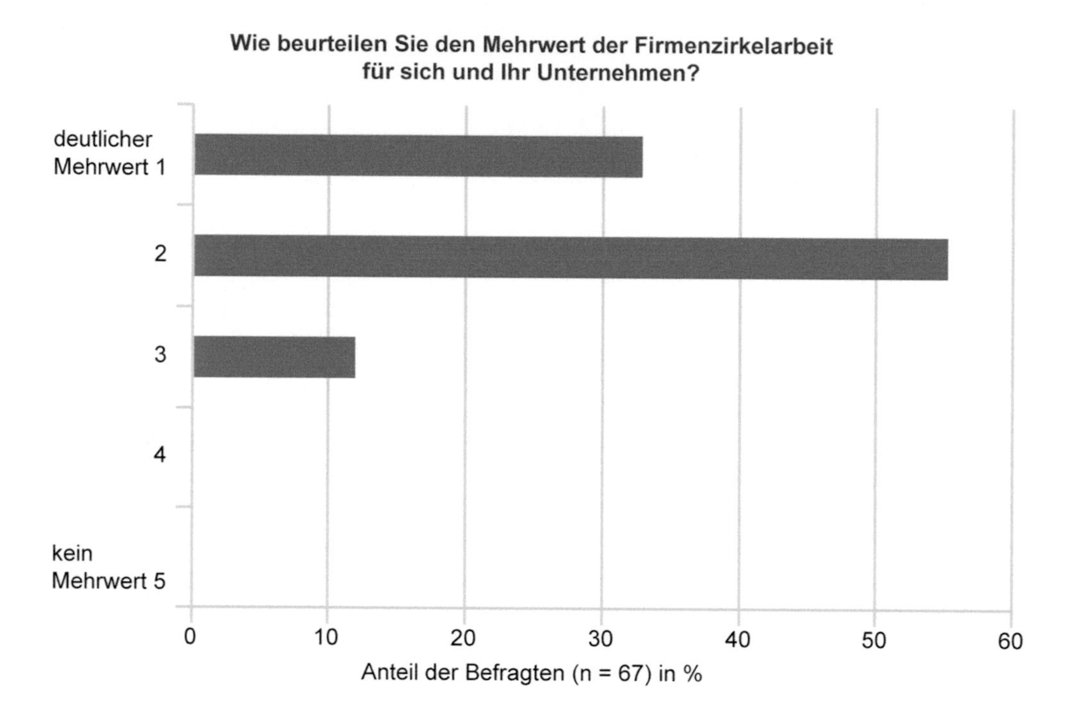

Abb. 5.1 Mehrwert der Firmenzirkel aus Sicht der Teilnehmer

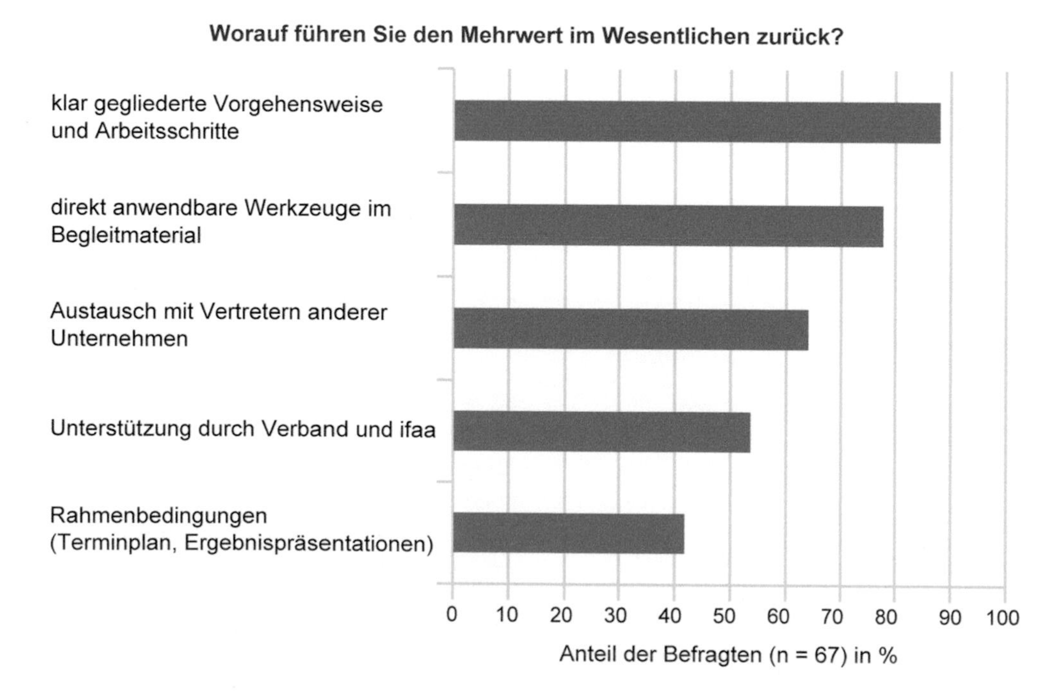

Abb. 5.2 Ursachen für den Mehrwert der Firmenzirkelarbeit

Welche Ersparnisse oder Vorteile haben Sie erreicht?

- Reduzierung der Ausschusskosten um ca. 50 %
- Reduzierung der Störzeit auf 12 % von 50 %
- 30 % höhere Ausbringung
- Rüstzeiten um 15 % reduziert. Streuung der Rüstzeiten reduziert
- Reduzierung Lagerbestand um 180.000 €
- ca. 30–40 % Zeitersparnis
- Reduzierung der Bestandsreichweite von 17 auf 5 Tage
- Verringerung der Prozesszeit von 175 auf 100 min
- Ausschussreduzierung von durchschnittlich 10 % auf < 1 %
- ca. 40.000 € und strukturierte Vorgehensweise im Prozess
- 0 % Reklamation in 2010
- Budget wird nun eingehalten
- systematische Schwachstellen werden offen gelegt
- Prozessdaten gewonnen
- Verringerung der Anzahl neuer Rohteilvarianten
- ...

Abb. 5.3 Ausgewählte Ergebnisse der Firmenzirkelarbeit (Teilnehmerangaben)

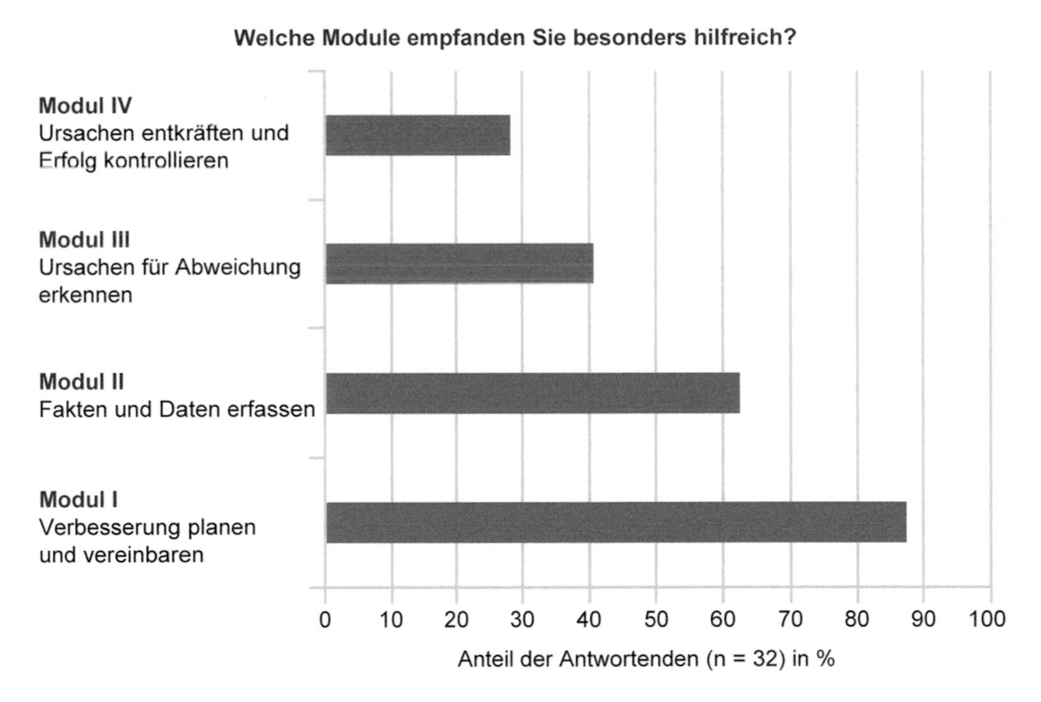

Abb. 5.4 Nutzen der Leitfadenmodule aus Sicht der Anwender

etwa 60 % Modul II, 40 % Modul III und etwa 30 % Modul IV besonders hilfreich, s. Abb. 5.4. Dies lässt den Schluss zu, dass vor allem gemeinsame Planung und Vereinbarung der Verbesserungsaufgabe (Modul I) sowie die gemeinsame Sammlung und Gewichtung möglicher Ursachen für die Abweichung im Team (Modul II) betrieblich noch nicht flächendeckend implementiert sind und genutzt werden. Hierdurch bleiben im Alltag große Potenziale unerschlossen.

Die Antworten und Einschätzungen der befragten Anwender bestätigen Nutzen und Praxistauglichkeit des Leitfadens.

In den folgenden Abschn. 5.1 und 5.2 sind abschließend 2 Praxisbeispiele beschrieben, die im ersten Firmenzirkel entstanden sind. Sie stellen Eindrücke und Ergebnisse aus der praktischen Anwendung des Leitfadens dar und geben einen Einblick in die Vielfalt betrieblicher Verbesserungsaufgaben.

5.1 F. W. Brökelmann Aluminiumwerk GmbH & Co. KG

Holger Bart

Das Unternehmen F. W. Brökelmann Aluminiumwerk GmbH & Co. KG ist seit der Gründung durch Friedrich Wilhelm Ottilius Brökelmann im Jahre 1910 in der Aluminiumverarbeitung tätig. Der Geschäftsbereich für Strangpresserzeugnisse besteht bereits seit Beginn der 60er-Jahre und ist heute mit einem mehrfach grundlegend modernisierten Maschinenpark für die hohen Anforderungen der Kunden bestens gerüstet.

Im Jahr 2017 erzeugten etwa 600 Mitarbeiter etwa 27.000 t Strangpressprofile und erzielten einen Umsatz von ca. 119 Mio. Euro. Für die Strangpresserzeugnisse bestehen umfangreiche CNC-gestützte Möglichkeiten der Weiterverarbeitung.

Um Kosten zu reduzieren, hat das Unternehmen im Firmenzirkel nach Anwendung der beschriebenen Module I bis IV den Ausschuss deutlich reduziert.

Abb. 5.5 Aluminium-Strangpressprofile als Ausgangsmaterial für die Herstellung gesägter Profilstücke

5.1.1 Verbesserung planen und vereinbaren

In einer Fertigungsinsel, die aus vier Anlagen besteht, werden Aluminiumprofile gesägt. Ausgangsmaterial sind 4–6 m lange, vom Presswerk angelieferte, Strangpressprofile (s. Abb. 5.5). Daraus werden Abschnitte mit Längen von etwa 30 bis 90 mm gesägt, die Ausgangsmaterial für Vibrations- und Schwingungsdämpfer für den Automobilbau sind. Nach dem Sägen werden die Teile nach Bedarf gebürstet, automatisch auf Länge vermessen und – falls die Längentoleranz nicht eingehalten wird – automatisch aussortiert. Die guten Teile gelangen als Schüttgut in Gitterboxen oder Kundenbehälter. Die zulässigen Längentoleranzen betragen 0,15 bis 0,4 mm (s. Abb. 5.6). Neben den gezeigten rohrförmigen Querschnitten können die Profile verschiedenste Querschnittsformen aufweisen.

Bei der Planung lagen bereits ausführliche Messergebnisse aus den automatisierten Messstationen, die jedes Werkstück nach dem Sägen vermessen, vor. Jährlich werden ca. 16 Mio. Abschnitte gesägt. Etwa 276.000 dieser Werkstücke liegen nicht im Rahmen der vorgegebenen Längentoleranzen und sind deshalb unbrauchbar. Die durchschnittliche Ausschussquote beträgt etwa 1,7 % (s. Abb. 5.7).

Als Verbesserungsziel wurde vereinbart, die Ausschussmenge zu halbieren. Bei durchschnittlichen Kosten je Fertigungsteil – einschließlich der Herstellung des Vormaterials im Presswerk – von etwa 0,23 € beträgt das jährliche Einsparpotenzial ca. 32.000 €. Materialkosten sind hierin nicht berücksichtigt, weil der Ausschuss überwiegend wieder genutzt werden kann.

Abb. 5.6 Gesägte Profilstücke als Bestandteile von Vibrations- und Schwingungsdämpfern für die Automobilindustrie

Bei Erreichung des Ziels würden darüber hinaus jährlich ca. 190 Stunden Maschinenkapazität gewonnen, für die bei starker Nachfrage und Auslastung hoher Bedarf besteht.

Eine erste Ablauf-Grobdarstellung diente dazu, wesentliche Ablaufschritte, mit ihren Ein- und Ausgangsgrößen (sowie deren Kunden und Lieferanten) für die weitere Planung zu veranschaulichen und erste Schwerpunkte für die Verbesserungsarbeit festzulegen (s. Abb. 5.8). Die Einschätzung des Teams war, den Schwerpunkt auf den Schritt „Profilabschnitte sägen" zu legen.

Mitwirkende im Verbesserungsteam sind Sägenbediener, Mitarbeiter der Qualitätssicherung, Liniensteuerer, Linienleiter

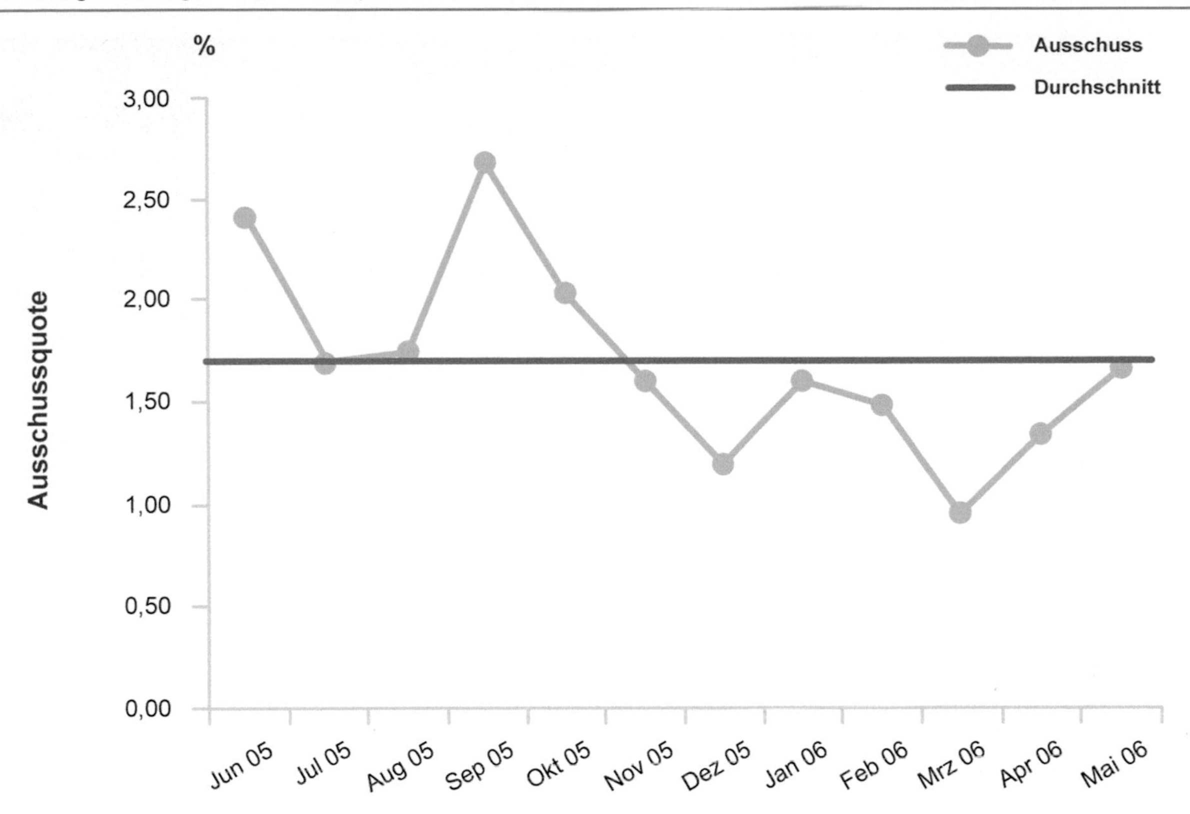

Abb. 5.7 Ausschussanteile von Juni 2005 bis Mai 2006

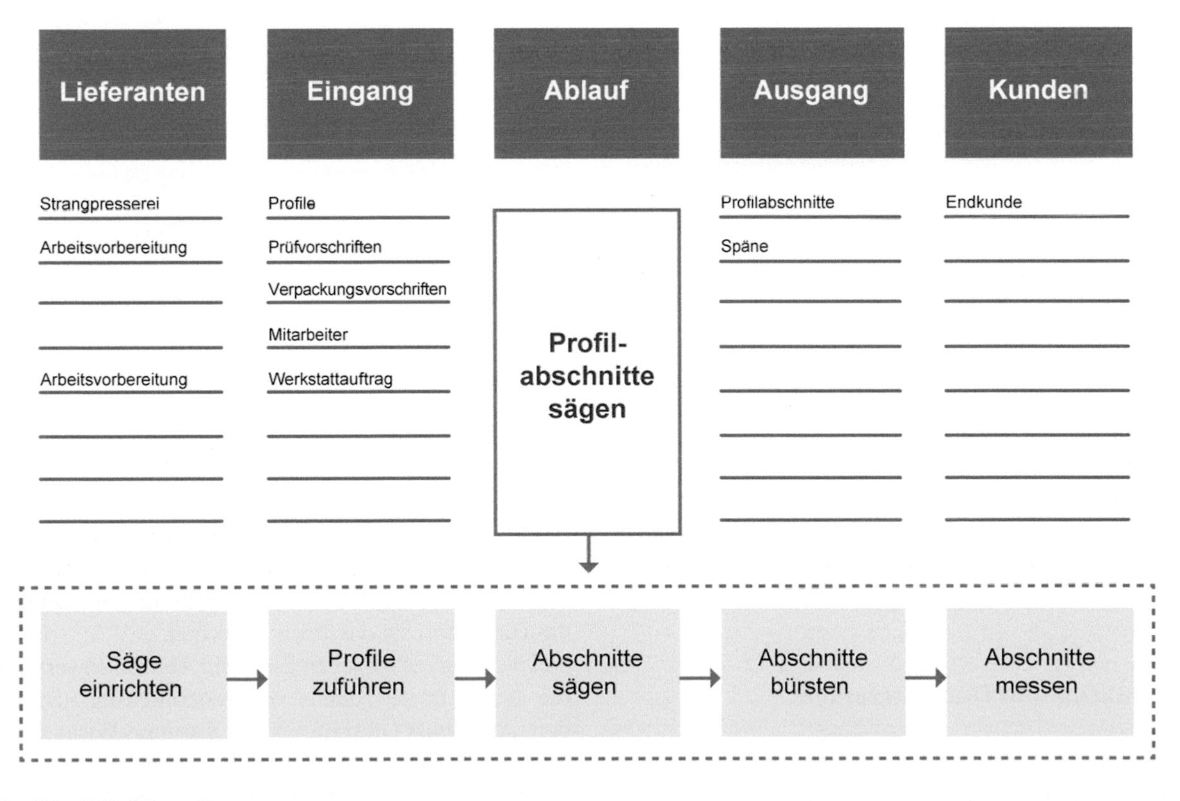

Abb. 5.8 Ablauf-Grobdarstellung

Verbesserungsvereinbarung

1. Gegenstand/Inhalt:
Ausschussanteil beim Sägen von Profilabschnitten senken

2. Abweichung:
Länge gesägter Profilabschnitte liegt nicht im vom Kunden vorgegebenen Toleranzbereich.
Alle gesägten Teile werden automatisch vermessen und fehlerhafte aussortiert.
Die Abweichung wird in % der gesägten Teile bestimmt.

3. Aktueller Wert der Abweichung:
Jährlich werden ca. 16 Mio. Profilabschnitte gesägt. Etwa 276.000 dieser Werkstücke liegen nicht im Rahmen der vorgegebenen Längentoleranzen. Die durchschnittliche Ausschussquote beträgt somit etwa 1,7 %.

Geschätzte Kosten:
ca. 0,23 € Bearbeitungskosten je Teil → ca. 64.000 €/Jahr

4. Verbesserungsumfang (ggf. was gehört dazu, was nicht?):
Ursachenuntersuchung an den Sägen und Messstationen, Vormaterialproduktion ausgenommen

5. Ziel, angestrebte Verbesserungen und Organisation:
Reduzierung der Ausschussquote um die Hälfte auf 0,85 %

Ersparnis/Nutzen:
jährliche Ersparnis 32.000 €, ca. 190 Std. zusätzliche Maschinenkapazität

Organisation:

Kunde:	Linie 3
Prozesseigner:	Linienleiter
Bearbeiter/Koordinator:	Herr Bart, Qualitätssicherung

Team:

Sägenbediener	NN	Liniensteuerung	NN
Qualitätssicherung	NN	Instandhaltung	NN

Ecktermine/Meilensteine:

Verbesserung planen und vereinbaren	10.08.2006
Fakten und Daten erfassen	21.09.2006
Ursachen für die Abweichung erkennen	30.11.2006
Ursachen entkräften und Erfolg kontrollieren	30.01.2007

Bearbeiter/Koordinator: ______________ (Name) ______________ (Datum, Unterschrift)

Prozesseigner: ______________ (Name) ______________ (Datum, Unterschrift)

evtl. weitere Person: ______________ (Name) ______________ (Datum, Unterschrift)

Abb. 5.9 Verbesserungsvereinbarung Ausschussreduzierung

(zur Info) und Instandhalter. Die Zusammenfassung des Arbeitschrittes „Verbesserung planen und vereinbaren" ist der Verbesserungsvereinbarung in Abb. 5.9 zu entnehmen.

5.1.2 Fakten und Daten erfassen

Das bereits im vorigen Arbeitsschritt begonnene Ablauf-Grobdiagramm wurde vom Verbesserungsteam weiter ausgearbeitet und verfeinert, Abb. 5.10. Die Erstellung dieses Diagramms entspricht einem Brainstorming, dessen Ergebnis alle aus Sicht des Teams wichtigen Ablaufschritte sowie deren Ein- und Ausgangsgrößen als Grundlage für die weitere Arbeit enthält. Auf eine detaillierte Einbeziehung der Kunden und Lieferanten in das Diagramm hat das Team verzichtet.

Unter den zahlreichen Ein- und Ausgangsgrößen wurden die aus Sicht des Teams wahrscheinlichsten Ursachen für den Ausschuss mithilfe einer Ursache-Wirkungs-Tabelle ermittelt. In dieser schätzt das Team den Einfluss der Ausgangsgrößen des Ablaufdiagramms auf den Ausschuss (1 sehr gering, 10 sehr hoch) und trägt die Ergebnisse in der Zeile „Gewichtung" ein. In gleicher Weise wird der Einfluss

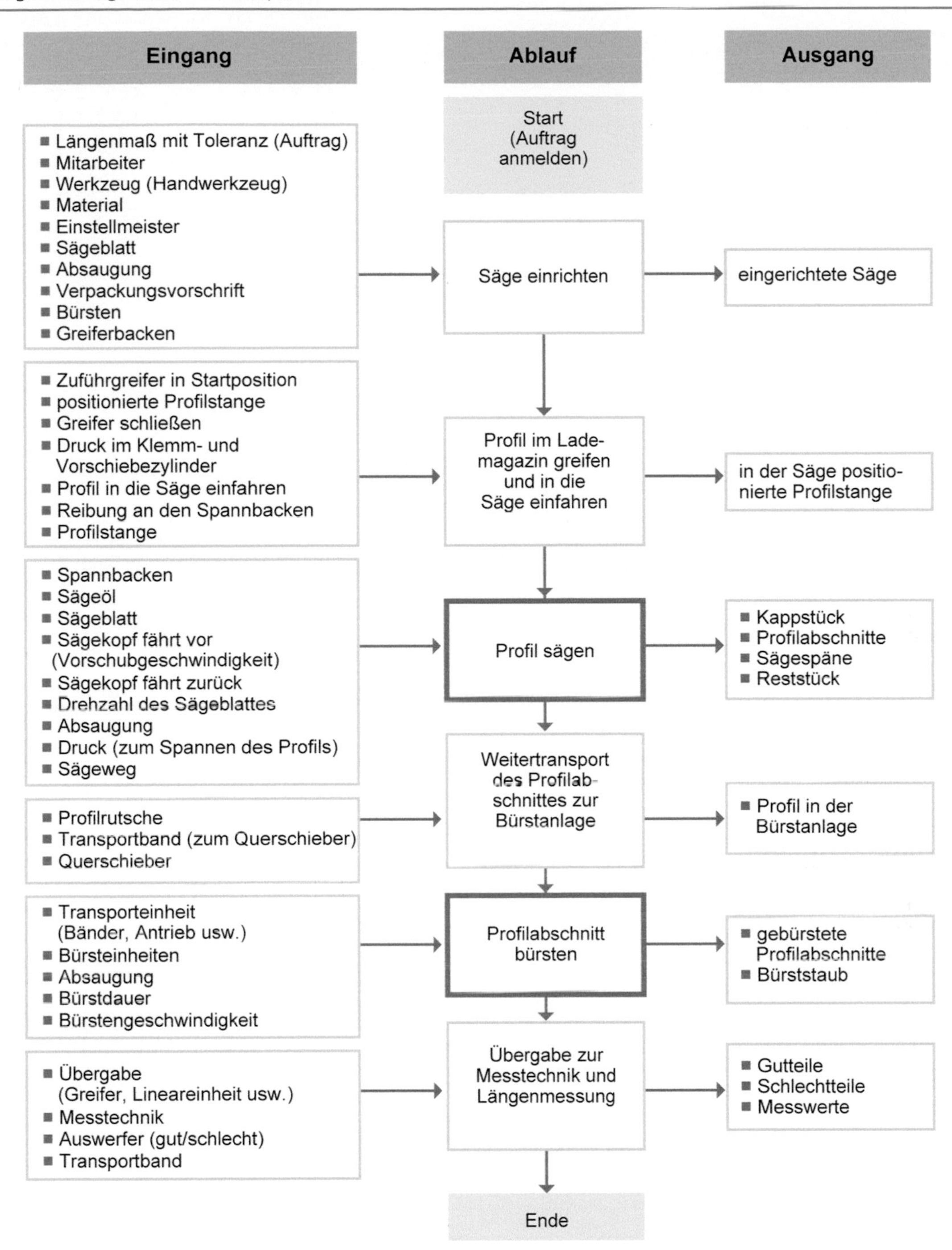

Abb. 5.10 Ablaufdiagramm

der Eingangsgrößen auf die Ausgangsgrößen geschätzt und in die Felder der Tabelle eingetragen. Multipliziert mit der jeweiligen Gewichtung und zeilenweise addiert ergibt sich ein Gesamtwert je Eingangsgröße. Je höher dieser Wert, desto stärker der vermutete Einfluss auf die Abweichung.

Mehr Informationen zu diesem Werkzeug und seiner Anwendung sind in Abschn. 3.5 und dem Tabellenblatt „Beschreibung und Anwendung" des Werkzeugs „Ursache-Wirkungs-Tabelle" festgehalten.

Die vollständig ausgefüllte Ursache-Wirkungs-Tabelle ist in Abb. 5.11 dargestellt. Ausgangsgrößen der Ablaufschritte in Abb. 5.10, die nicht in den Spalten der Tabelle eingetragen sind, haben aus Sicht des Teams keinen Einfluss auf die Abweichung (Gewichtung 0). Einige Eingangsgrößen tauchen in dieser Darstellung mehrfach auf, weil sie vom Team mehreren Prozessschritten zugeordnet wurden.

Das Verbesserungsteam hat folgende Einflussgrößen ermittelt und zunächst die in Abb. 5.11 farblich

	Gewichtung	10	9	5	10	
		eingerichtete Säge	in der Säge positionierte Profilstange	Kapp- und Reststück	Sägespäne	Summe
Ablauf(-schritt)	Eingangsgrößen					
Säge einrichten	Längenmaß	0	0	4	0	20
	Mitarbeiter	10	10	6	1	230
	Werkzeug	4	0	0	0	40
	Material, Profilstange	4	8	7	8	227
	Einstellmeister	10	0	1	0	105
	Sägeblatt	9	0	3	6	165
	Absaugung	0	0	0	10	100
	Verpackungsvorschrift	0	0	0	0	0
	Bürsten	0	0	0	0	0
	Greiferbacken	5	4	4	0	106
						0
Profil greifen und in die Säge einfahren	Zuführgreifer in Startposition	4	10	9	0	175
	positionierte Profilstange	5	10	8	0	180
	Greifer schließen	4	10	10	0	180
	Druck im Klemm- u. Vorschiebezylinder	4	10	10	0	180
	Profil in die Säge einfahren	4	10	10	0	180
	Reibung an den Spannbacken des Spannstockes	10	10	10	0	240
	Profilstange	7	10	6	2	210
						0
Profil absägen	Spannbacken	9	3	1	0	122
	Sägeöl	0	0	1	2	25
	Sägeblatt	10	0	7	10	235
	Sägekopf fährt vor (Vorschubgeschwindigkeit)	0	0	1	2	25
	Sägekopf fährt zurück	0	0	0	0	0
	Drehzahl des Sägeblattes	0	0	1	1	15
	Absaugung	6	0	4	10	180
	Druck (zum Spannen des Profiles)	0	0	2	0	10
	Sägeweg	2	0	4	0	40
						0
Weitertransport des Profilabschnittes zur Bürstanlage	Profilrutsche	3	0	0	0	30
	Transportband (zum Querschieber)	2	0	0	0	20
	Querschieber	4	0	0	0	40
						0
Profilabschnitt bürsten	Transporteinheit (Bänder, Antriebe usw.)	4	0	0	0	40
	Bürsteinheiten	0	0	0	0	0
	Absaugung	0	0	0	0	0
	Bürstdauer	0	0	0	0	0
	Bürstengeschwindigkeit	0	0	0	0	0
						0
Übergabe zur Längenmesstechnik und Längenmessung	Übergabe (Greifer, Lineareinheit usw.)	0	0	0	0	0
	Messtechnik	4	0	0	0	40
	Auswerfer (gut/schlecht)	0	0	0	0	0
	Transportband	0	0	0	0	0

Abb. 5.11 Ursache-Wirkungs-Tabelle

hervorgehobenen für ausführliche Messungen und Untersuchungen gewählt.

- Profilstange
- Sägeblatt
- Absaugung an der Säge
- Vorschubmechanik in der Säge (Spann- und Greiferbacken sowie andere Elemente)

Die Bewertung des Teams zu diesem Zeitpunkt sagt jedoch noch nichts darüber aus, ob diese vermeintlichen Ursachen auch tatsächlich den vermuteten Einfluss haben. Dies kann erst durch die Auswertung der Messergebnisse bestätigt werden.

Später stellte sich heraus, dass letztlich ganz andere Faktoren – deren Einfluss zunächst unterschätzt wurde – den größten Einfluss auf die Ausschussquote hatten.

5.1.3 Ursachen für die Abweichung erkennen

In diesem Arbeitsschritt wurde systematisch überprüft, ob die vermuteten Ursachen auch tatsächlich einen wesentlichen Beitrag zur Entstehung des Ausschusses leisten.

Obwohl das Vormaterial (Profilstangen) bei der Planung aus dem Untersuchungsumfang ausgenommen war, wurde es nach der unter Abschn. 5.1.2 beschriebenen Einschätzung der Einflussfaktoren wieder in die Untersuchungen mit einbezogen. Hierzu wurden Profilstangen unterschiedlich stark verbogen und anschließend gesägt, wobei der Schrottanteil mit zunehmender Durchbiegung anstieg. Die aktuellen Kontrollen im Strangpressbereich würden Vormaterial mit solch kritischen Durchbiegungen jedoch sicher aussortieren.

Um den Einfluss des Sägeblattes zu testen, wurden an zwei Sägen, jeweils für einen Zeitraum von zwei Wochen nur neue oder nur nachgeschliffene Blätter eingesetzt und die jeweiligen Arbeitsergebnisse dokumentiert. Die Auswertung der Schrottanteile während dieser Testphase ließ keine eindeutig gesicherten Zusammenhänge zwischen dem Zustand der Sägeblätter und dem Ausschussanteil erkennen. Darüber hinaus ergab die Auswertung u. a. Hinweise darauf, dass

- die niedrigsten Ausschussraten in der Nachtschicht auftreten und
- die Ausschussraten von Säge 2 tendenziell niedriger sind als die von Säge 1.

Die erfassten Daten wurden grafisch interaktiv in einem Pivotdiagramm dargestellt und untersucht. Die Ergebnisse einer der Untersuchungen sind in Abb. 5.12 dargestellt.

Weitere Faktoren, die in Verbindung mit dem Sägeblatt stehen, wie die Einsatzdauer der Sägeblätter, Nachschleifhäufigkeit etc., wurden zunächst nicht berücksichtigt.

Eine weitere mögliche Einflussgröße war nach Einschätzung des Teams die Absaugung. Diese könnte den Ablauf beeinflussen, weil Späne in Spann- oder Messvorrichtungen

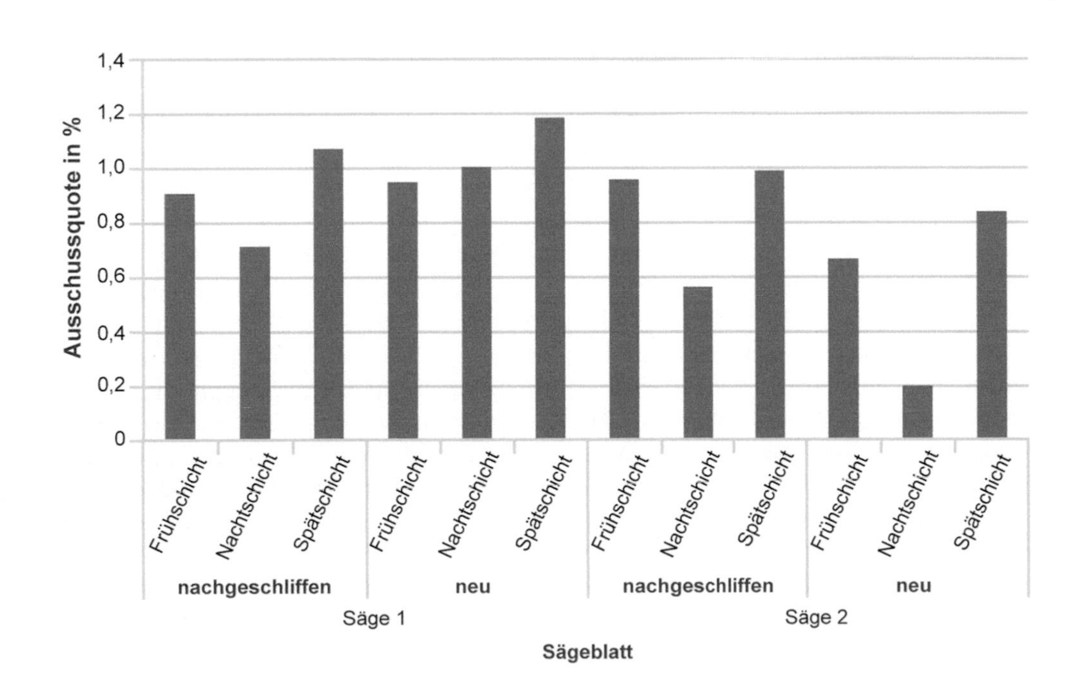

Abb. 5.12 Einfluss von Säge, Sägeblatt und Schichtart auf die Ausschussrate

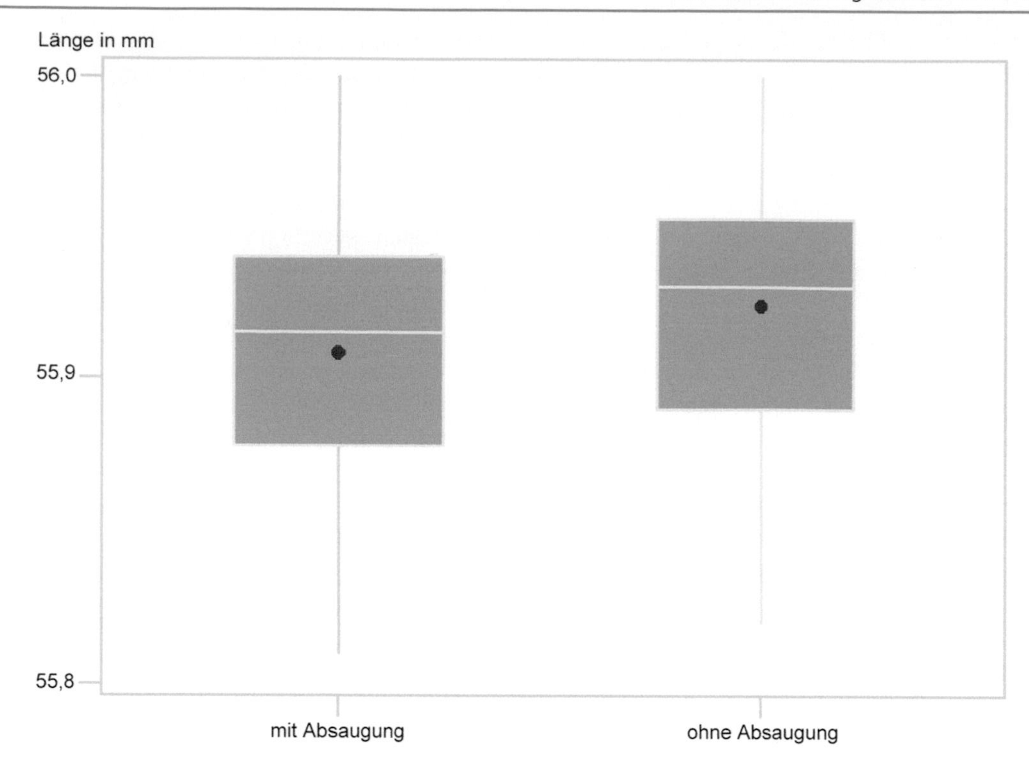

Abb. 5.13 Kastendiagramme von je 50 Teilen mit und ohne Absaugung gesägt

zu erhöhtem Ausschuss führen könnten. Um den Einfluss der Absaugung zu testen, wurde diese beim Sägen unter sonst gleichen Bedingungen vorübergehend abgeschaltet. Dabei ließ sich kein eindeutiger Einfluss der Absaugung auf die Maße gesägter Teile oder Schrottanteile feststellen. Als Auswertungsbeispiel sind in Abb. 5.13 Minima, Maxima, Mittelwerte und Mediane von jeweils 50 Werkstücken aus dem gleichen Profil, die einmal mit und einmal ohne Absaugung gesägt wurden, als Kastendiagramm (Boxplot) dargestellt. Unterschiede, die für die Ausschussquote relevant sein könnten, sind nicht zu erkennen.

Die Einflussgröße Vorschubmechanik ist relativ komplex und umfasst viele Unterfaktoren, deren systematische Analyse aufwendig ist. Die Untersuchung des Einflusses der Vorschubmechanik auf den Ausschussanteil wurde deshalb zunächst zurückgestellt.

Auch den Einfluss des Sägeblattvorschubes hat das Team untersucht. Dabei war zu erkennen, dass der Ausschussanteil mit zunehmendem Vorschub steigt. Da eine Reduzierung des Vorschubes jedoch auch die Ausbringung senkt und bei den aktuell genutzten Vorschüben noch kein Anstieg erkennbar war, blieben die Vorschubgeschwindigkeiten unverändert.

Eine Messsystemanalyse (MSA) der automatisierten Messeinrichtungen hat ergeben, dass sie für die erforderlichen Prüfungen nur bedingt fähig sind. Hierzu wurden Werkstücke bekannter Länge in den automatisierten Messeinrichtungen jeweils fünfzigmal hintereinander gemessen und die Abweichungen dieser Messungen untereinander sowie vom tatsächlichen Maß untersucht. Als zulässige Toleranzen wurden 0,15 mm, 0,2 mm und 0,3 mm zugrunde gelegt. Dabei war die Abweichung der gemessenen Werte (Variabilität des Messsystems) so groß, dass – vor allem bei kleinen Toleranzen – Werkstücke nicht mehr sicher als „in Ordnung" (i. O.) oder „nicht in Ordnung" (n. i.O.) eingestuft werden konnten. Ein Analyseergebnis ist in Abb. 5.14 dargestellt ($C_g < 1{,}33$ bedeutet: System nicht fähig).

Von den Messstationen als n. i. O. aussortierte Teile wurden daraufhin manuell nachgemessen und dabei wurde festgestellt, dass etwa 40 % dieser Teile i. O. waren und überwiegend an der oberen Toleranzgrenze lagen, also wegen vermeintlicher Maßüberschreitung ausgesondert wurden.

Ein systematischer Vergleich der Ergebnisse automatisierter und manueller Messungen ergab für manuelle Messungen am gleichen Werkstück in der Regel kleinere Längenwerte als für automatisierte Messungen.

Hierfür wurde folgende Erklärung gefunden:
Die Schnittflächen der gesägten Abschnitte sind nicht 100 % parallel zueinander, sondern weisen – im Rahmen der zulässigen Form- und Lagetoleranzen – Parallelitätsabweichungen auf, die Ursache der unterschiedlichen Messergebnisse

Prüfmittelfähigkeitsuntersuchung Verfahren 1 (Fähigkeitsindex Cg; Cgk)

Prüfmittel: Längenmesstechnik 1 (34407) Säge 1 Prüfmittel-Nr.: 100/1043
Normal (Ist-Wert): 59,76 Normal-Nr.: Merkmal:
Prüfbedingungen: Temperatur:

Teil	Messwert	Teil	Messwert	Teil	Messwert	Teil	Messwert	Teil	Messwert		
										Auflösung:	
1	59,694	11	59,699	21	59,707	31	59,707	41	59,709	Spezifikation:	
2	59,692	12	59,709	22	59,710	32	59,709	42	59,709	Einheit der Messwerte:	mm
3	59,700	13	59,714	23	59,692	33	59,708	43	59,708	Toleranzbreite:	0,15
4	59,696	14	59,713	24	59,694	34	59,687	44	59,711	Normalgröße:	
5	59,697	15	59,716	25	59,693	35	59,693	45	59,712		
6	59,716	16	59,715	26	59,699	36	59,688	46	59,712	X - quer:	59,7044
7	59,703	17	59,705	27	59,696	37	59,693	47	59,709	Standardabweichung:	0,00813
8	59,704	18	59,705	28	59,705	38	59,688	48	59,713	R - quer:	0,012990
9	59,711	19	59,706	29	59,708	39	59,707	49	59,714		
10	59,705	20	59,705	30	59,710	40	59,708	50	59,714		

Cg 0,92239 n. i. O. $= \frac{0{,}2 \times \text{Toleranzbreite}}{4\ \text{Standardabweichung}}$ Entscheidung: n. i. O.

Abb. 5.14 Messsystemanalyse für automatisch gemessene quantitative Daten

sein können. Die Parallelitätsabweichungen können bewirken, dass das Werkstück – übertrieben formuliert – wie ein Parallelogramm aussieht. Beim manuellen Messen richten sich die Messflächen des Messschiebers an den Schnittflächen des Werkstücks aus. Beim automatischen Messen werden die Werkstücke zunächst von einem Niederhalter in einem Prisma gespannt. Dann fahren die Messflächen im rechten Winkel zur Werkstücklängsachse gegen das Werkstück. Im Extremfall wird dann nicht genau das Maß zwischen den Schnittflächen, sondern zwischen den äußersten Punkten des Werkstückes ermittelt (s. Abb. 5.15). Für die Funktion des fertigen Bauteiles und die weitere Verarbeitung beim Kunden ist jedoch das Maß zwischen den Schnittflächen relevant.

5.1.4 Ursachen entkräften und Erfolg kontrollieren

Als Folge der beschriebenen Auswertungsergebnisse wurden zunächst nur Maßnahmen an den automatisierten Messstationen umgesetzt. Eine probeweise Modifizierung der Niederhalter, welche die Werkstücke vor dem Messen im Aufnahmeprisma klemmen, bewirkte, dass sich die Abschnitte in den Messstationen – ähnlich wie bei der Handmessung – an den Schnittflächen ausrichten können. Hierdurch konnte eine Angleichung der manuell und automatisiert gemessenen Längen erreicht werden. Als zweite Maßnahme wurden darüber hinaus an einer Anlage die Messköpfe gewechselt, da sich hier recht häufig Teile verklemmt haben.

Seit Umsetzung dieser Maßnahmen ist der Schrottanteil deutlich gesunken und der angestrebte Zielwert konnte unterschritten werden, Abb. 5.16.

5.1.5 Fazit

Die vereinbarten Ziele, Einsparungen und Verbesserungen wurden im vollem Umfang erreicht. Die gemeinsame Arbeit im Team lieferte rasch ein umfassendes Bild möglicher Einflussfaktoren. Für alle Beteiligten war es jedoch eine große Überraschung, dass die vermuteten Ursachen eigentlich keine große Rolle gespielt haben. Das haben die Teammitglieder nicht für möglich gehalten. Ohne die angewandte systematische Vorgehensweise wäre die wahre Abweichungsursache vermutlich nicht erkannt worden.

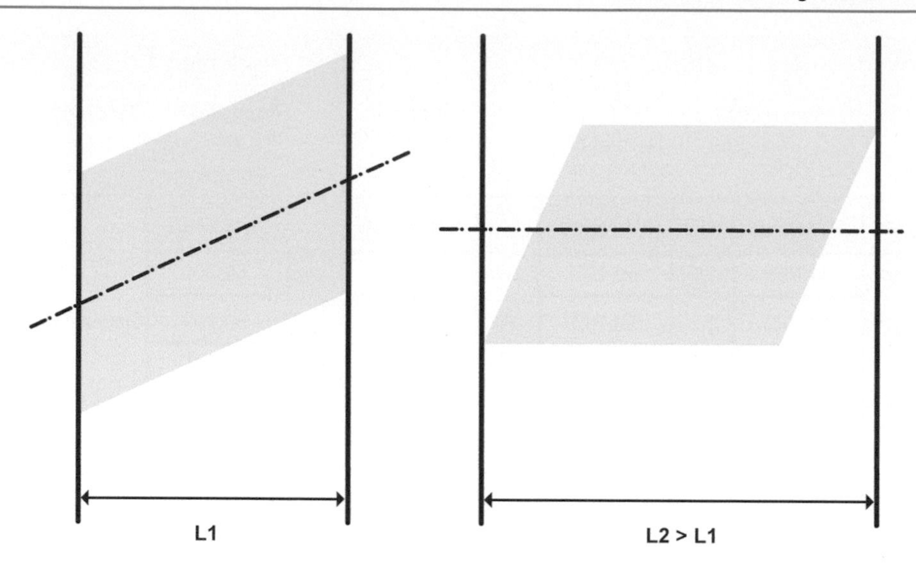

Abb. 5.15 Gemessene Längen beim manuellen und automatisierten Messen (übertriebene Darstellung)

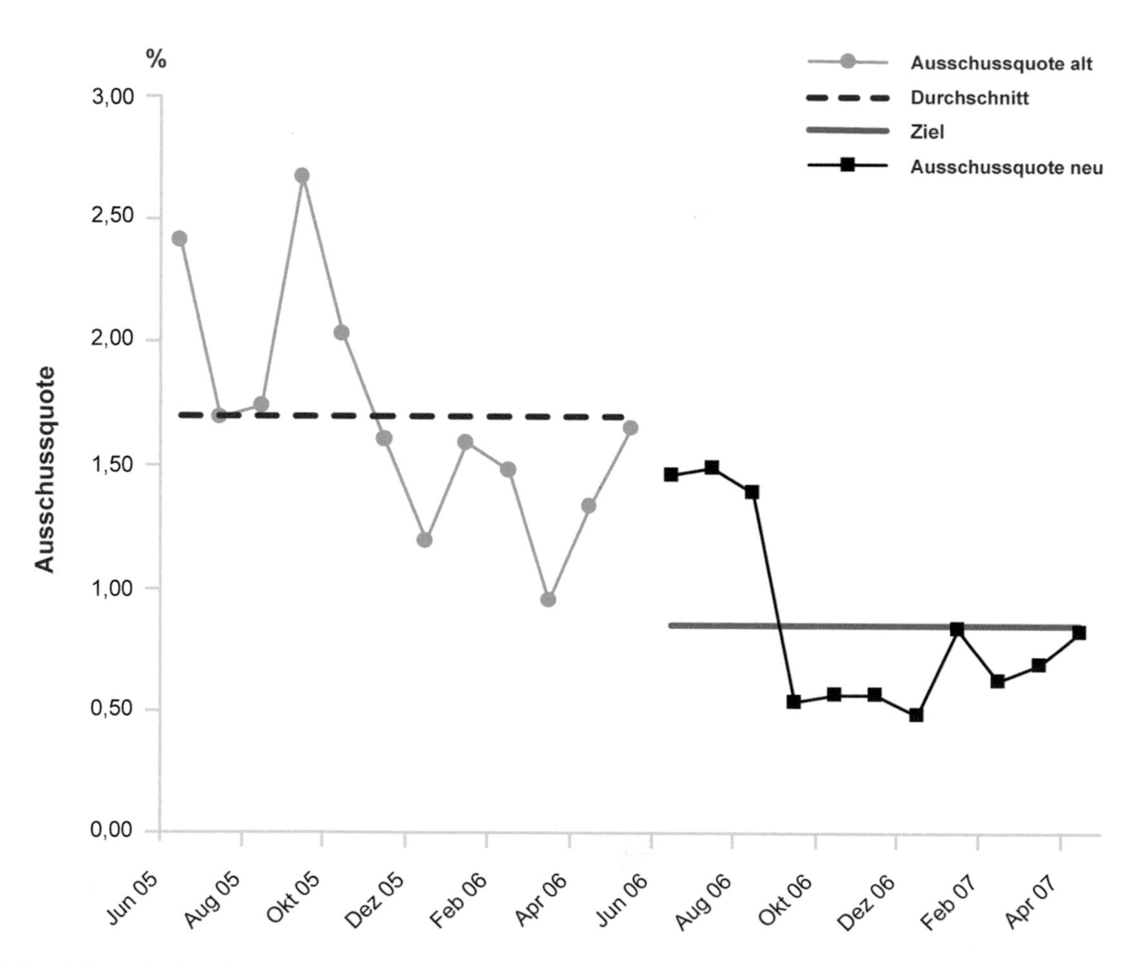

Abb. 5.16 Entwicklung der Ausschussquote

5.2 Infineon Technologies AG

Harald Nübel und Otmar Wette

Das im Folgenden beschriebene Projekt wurde in den Jahren 2006 und 2007 umgesetzt. Auch die Unternehmensangaben und -daten beziehen sich auf diesen Zeitraum.

Infineon Technologies bietet Halbleiter- und Systemlösungen, die drei zentrale Herausforderungen der modernen Gesellschaft adressieren: Energieeffizienz, Mobilität sowie Sicherheit. Mit weltweit rund 42.000 Mitarbeitern (davon etwa 12.000 Mitarbeiter bei Qimonda) erzielte Infineon im Geschäftsjahr 2006 (Ende September) einen Umsatz von 7,9 Milliarden Euro (davon 3,8 Milliarden Euro von Qimonda).

Der Standort Warstein gehört innerhalb von Infineon zu dem Geschäftsbereich Automobil-, Industrieelektronik und Multimarket (AIM). Hier sind ca. 1000 Mitarbeiter tätig. Es werden Leistungshalbleiter-Module entwickelt und produziert. Leistungshalbleiter werden eingesetzt, um große Stromenergiemengen zu steuern bzw. zu regeln. Anwendungsgebiete sind unter anderem industrielle Antriebe und Automation, Traktion, Energieübertragung, regenerative Energieversorgung, Medizintechnik, unterbrechungsfreie Stromversorgungen bis hin zu Automobil- und Haushaltsanwendungen.

Im Firmenzirkel hat das Unternehmen innerhalb des Geschäftsbereichs AIM in den Jahren 2006 und 2007 am Standort Warstein eine deutliche Reduzierung der Herstellkosten von Produkten des Bereichs STA (Stack Assemblies) erfolgreich verfolgt.

5.2.1 Verbesserung planen und vereinbaren

Der Bereich STA beschäftigt sich mit dem Design und der Produktion von Stromrichtern mit Leistungshalbleitern. Zum Einsatz kommen hier die konzerneigenen Leistungshalbleiter (im Folgenden Bauelemente genannt) wie IGBT-Module, Thyristoren und Dioden. Der Umfang der Stromrichter umfasst die Leistungshalbleiter, das Kühlsystem, die Stromschienen und elektronischen Baugruppen wie die Ansteuerelektronik, Schutzelektronik und Überwachungselektronik. Neben den logistischen Prozessen umfasst die Produktion auch die Montage und die Endprüfung der Produkte. In Abb. 5.17 sind einige Produktbeispiele dargestellt.

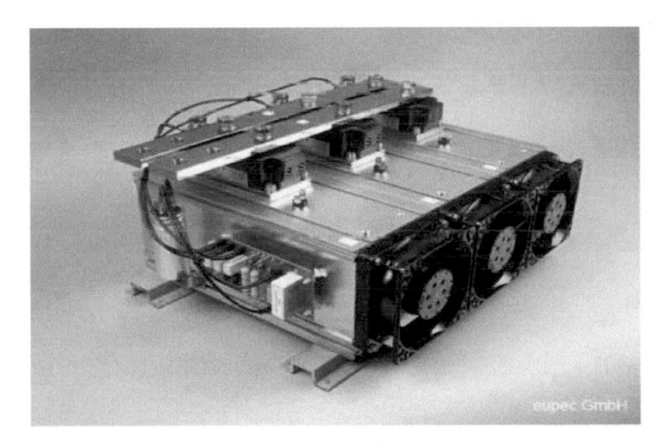

Gleichrichter

Gleichrichter

Umrichter

Abb. 5.17 Produktbeispiele des Bereichs STA

Lieferanten	Eingang	Ablauf	Ausgang	Kunden
Logistik, Entwicklung	Disposition; Spezifikation, PUR	Beschaffung	Materialeingang	Logistik
Logistik/ Fertigungs-steuerung	Fertigungs-auftrag	Bereitstellung	termingerechte Bereitstellung	Produktion
Entwicklung/ Konstruktion/AV/ Logistik	FAUF/Material/ Pläne/AA	Montieren	montierte Baugruppe	Prüffeld
Montage	Prüfanweisung	Prüfen	fertige Baugruppe	Lager
Prüffeld	Baugruppe	Verpacken		Sales/Endkunde

Abb. 5.18 Ablauf-Grobdarstellung mit Arbeitsschwerpunkten

Der Produktbereich ist seit einigen Jahren am Markt und bildet einen Schwerpunkt des Geschäftsbereiches. Bedingt durch gestiegene Materialaufwendungen infolge erheblich gestiegener Rohstoffkosten und intensiven Wettbewerbs war der Ertrag zum Projektzeitpunkt rückläufig. Um diese Situation nachhaltig und systematisch zu verbessern, wurden Aktivitäten zur Reduzierung der Herstellkosten gestartet. Ein erhoffter Nebeneffekt war dabei, einige der Ergebnisse auch auf andere Produkte zu übertragen.

Zunächst wurde die aktuelle Gesamtkostenstruktur betrachtet, zu beeinflussende Kostenelemente gewählt und für diese die entsprechenden Ziele abgeleitet. Der Focus zur Kostenreduzierung wurde dabei auf die Materialkosten und die Prozesszeiten, welche wiederum die Personalkosten in der Montage direkt beeinflussen, gelegt.

Die Overheadkosten sowie die Kosten der Bauelemente aus anderen Konzernbereichen wurden nicht berücksichtigt, weil diese im Rahmen kurzfristiger und lokaler Aktivitäten mit überschaubarem Umfang nicht beeinflussbar waren.

In der Ablauf-Grobdarstellung in Abb. 5.18 sind infolge dieser Überlegungen die Teilabläufe Beschaffung und Montieren als Arbeitsschwerpunkte hervorgehoben.

Kunden der Verbesserungsaktivitäten sind Vertrieb und Endkunde. Die Prozesseigner sind seitens der Fertigung der Linienleiter und der Prüffeldleiter. Außerdem ist die Konstruktionsleitung involviert.

Das Verbesserungsteam setzte sich aus Mitarbeitern folgender Geschäftsbereiche zusammen:

- Konstruktion (Leitung)
- Entwicklung
- Fertigung
- Materialwirtschaft
- Einkauf
- Controlling

Das folgende Vorgehen wurde abgestimmt und terminiert:

- Ist-Prozesszeiten messen und analysieren
- Ist-Materialkosten analysieren
- Optimierungsmaßnahmen ermitteln und umsetzen zu:
  - Prozesszeiten
  - Materialkosten (Lieferkonditionen, Losgrößen, Lieferanten, Design …)

Die Ergebnisse des Arbeitsschrittes „Verbesserung planen und vereinbaren" sind der Verbesserungsvereinbarung in Abb. 5.19 zu entnehmen. Quantitative Angaben zu Margen und Zielen sind darin bewusst verallgemeinert.

5.2.2 Fakten und Daten erfassen

Mit den Informationen aus dem bestehenden und funktionsfähigen Messsystem (Kostenrechnung) wurde bereits in der vorangegangenen Planungsphase die Gesamtkostenstruktur dargestellt und hieraus als potenzielle Hauptoptimierungsbereiche die Material- und Personalkosten abgeleitet.

Verbesserungsvereinbarung

1. Gegenstand/Inhalt:
HerstellkostenreduzierungProdukt X

2. Abweichung:
EBIT zu gering (Kostendruck am Markt)

3. Aktueller Wert der Abweichung:
Marge für Kompensation von Rohmaterialkostenanstieg und Preisverfall um X % zu gering.
Kosten der Abweichung

- XXX € Mindereinnahmen

4. Verbesserungsumfang (Ablaufschritte, s. Anlage Ablauf-Grobdarstellung):
Nicht betrachtet werden die Overheadkosten und interner Zukauf

- Analyse des/der Fertigungsprozesses/-zeit
- Optimierungsmaßnahmen ermitteln und umsetzen
- Paretoanalyse der Materialkosten
- Alternativen prüfen (Lieferant/Design) und umsetzen
- Losgrößen und Lieferbedingungen prüfen
  - ▶ Umfang: Konstruktion, Beschaffung und Montage

5. Ziel, angestrebte Verbesserungen und Organisation:
Reduzierung der Fertigungskosten um X %
Reduzierung der Materialkosten um X %

Organisation:

Kunde:	Sales, Marketing, Endkunde
Prozesseigner:	Linienleiter
Bearbeiter/Koordinator:	NN

Team:

1. Konstruktion	NN	5. Einkauf	NN
2. Entwicklung	NN	6. Controlling	NN
3. Fertigung	NN	7.	
4. Materialwirtschaft	NN	8.	

Ecktermine/Meilensteine:

Verbesserung planen und vereinbaren	30.06.2006
Fakten und Daten erfassen	15.09.2006
Ursachen für die Abweichung erkennen	30.09.2006
Ursachen entkräften und Erfolg kontrollieren	15.11.2007

Bearbeiter/Koordinator: ____________ (Name) ____________ (Datum, Unterschrift)

Prozesseigner: ____________ (Name) ____________ (Datum, Unterschrift)

evtl. weitere Person: ____________ (Name) ____________ (Datum, Unterschrift)

Abb. 5.19 Verbesserungsvereinbarung „Herstellkostenreduzierung Produkt X"

Auch die erforderlichen Daten und Informationen für die Analyse der Materialkosten stehen über die Kostenrechnung bereits zur Verfügung und müssen deshalb in diesem Arbeitsschritt nicht mehr – wie sonst oft erforderlich – extra ermittelt werden.

Daten und Informationen zu den Ist-Prozesszeiten in der Fertigung lagen zu diesem Zeitpunkt nicht in der benötigten Detaillierung vor und wurden in einer Materialflussanalyse ermittelt. Weil das entsprechende Know-how im Unternehmen vorhanden ist, kam hierzu eine Analyse nach der REFA-Materialflussanalyse zum Einsatz. Dabei wurde die Fertigung eines repräsentativen Produktes begleitet, vollständig erfasst und in einzelne Arbeitsschritte oder Ablaufabschnitte untergliedert. Jeder Schritt wurde dann einer der folgenden Kategorien zugeordnet:

- Wertschöpfung
- Transport
- Prüfung
- Liegen
- Lagern

REFA-Materialflussanalyse		Ablaufarten										
Artikel:	Unterbaugruppe 1	wertschöpfen										
Bereich:	STA		fördern, transportieren									
Ersteller:				prüfen								
Team:					liegen							
Datum:	14.06.2006					lagern						
Nr.:	Ablaufschritt	●	➡	■	◆	♦	Menge (St.)	Weg (m)	Weg (m/St.)	Zeit (s)	Zeit (s/St.)	Bemerkungen
1	Auftrag empfangen, Listen und Dokumente, Zeichnungen prüfen			■						60		
2	Materialbeschaffung, Fahrt mit Wagen ins Lager		➡				36	22	0,6	40	1,1	Wege sind verstellt
3	Blöcke lagern im Lager					♦						
4	Wagen mit Blöcken beladen		➡				36		0,0	620	17,2	
5	Blöcke liegen in Transportwagen				◆							
:							:	:	:	:	:	
:												
:							:	:	:	:		
n-1	Montageplatte (Vorderseite) aus Karton entnehmen, an Block festschrauben	●					1		0,0	92	92	
n	Block auf Transportwagen		➡				1		0,0	11	11	
	Gesamtwerte							127	15,1	xx	xx	
	Anteile der Ablaufarten nach Anzahl der Schritte	44 %	31 %	6 %	16 %	3 %						
	Anteile der Ablaufarten nach Zeit	54 %	41 %	5 %	--	--						

Abb. 5.20 Materialflussanalyse einer Unterbaugruppenmontage

Die Gesamtbetrachtung gab Auskunft über den jeweiligen Anteil dieser Kategorien an der Gesamtaufgabe und lieferte Ansatzpunkte für Optimierungen. Dabei galt es, den Anteil nicht wertschöpfender Tätigkeiten zu reduzieren und außerdem auch, die für die Wertschöpfung erforderlichen Zeiten möglichst kurz zu halten.

In Abb. 5.20 ist als Beispiel ein Teil der Materialflussanalyse einer Unterbaugruppe des untersuchten Produktbereichs dargestellt. Solche Analysen wurden auch für alle übrigen Unterbaugruppen erstellt.

5.2.3 Ursachen für die Abweichung erkennen

Für die Materialkosten ließ sich aufgrund der vorhandenen Daten und deren Struktur relativ schnell erkennen, welches die Hauptursachen für die Ergebnisabweichung – zu hohe Kosten – waren. Eine Sortierung der aktuellen Materialkosten und die Darstellung in einem Paretodiagramm lieferte direkt ablesbare Hinweise auf die Komponenten mit den höchsten Kosten und größten Sparpotenzialen. Auf diese Weise wurden 10 Komponenten identifiziert, die fast 70 % der Materialkosten verursachten. Diese Positionen waren Arbeitsschwerpunkte im weiteren Verlauf.

Bei der Auswertung der Materialflussanalyse wurden die Ablaufschritte entsprechend der Häufigkeit und der Zeitanteile ihrer Ablaufarten gewichtet und betrachtet. Aus den Ergebnissen der Materialflussanalyse ließen sich die größten Kostensenkungs- und Verbesserungspotenziale für eine Überarbeitung der Produktionsabläufe einfach ablesen. Das waren die Kategorien nicht wertschöpfender Ablaufschritte, die in besonders hoher Anzahl auftreten oder einen besonders hohen zeitlichen Anteil in Anspruch nehmen, und wertschöpfende Ablaufschritte mit besonders hoher Dauer. Die Anteile der einzelnen Ablaufarten der Beispielbaugruppen sind im unteren Teil der Abb. 5.20 zusammengestellt. 44 % der Arbeitsschritte und 54 % der benötigten Zeit sind wertschöpfend. Der Rest verteilt sich auf die anderen Ablaufarten, wobei „Fördern“ und „Transportieren“ die größten Anteile umfassen.

Bei der Beurteilung der Zeitanteile ist zu beachten, dass „Liegen“ und „Lagern“ nicht berücksichtigt wurden, weil hierzu in der Regel keine regelmäßigen oder reproduzierbaren Zeiten vorlagen. Dennoch können hierfür im Einzelfall ganz erhebliche Zeiten anfallen.

5.2.4 Ursachen entkräften und Erfolg kontrollieren

Die im vorigen Arbeitsschritt ermittelten Bauteile und Komponenten mit den größten Potenzialen zur Senkung der Materialkosten wurden systematisch untersucht und dabei folgende Verbesserungsmöglichkeiten geprüft und erfolgreich umgesetzt:

- Designanpassung in Zusammenarbeit mit Kunden
- Gestaltung von Rahmenverträgen und Zahlungskonditionen
- Lieferantenwechsel

Um die in der Materialflussanalyse für den Montagebereich ermittelten Verbesserungspotenziale zu erschließen, haben die Teammitglieder in einem Workshop gemeinsam zahlreiche Maßnahmen für den Montagebereich entwickelt. Vor der Umstellung wurden die für einen Montageauftrag benötigten Materialien vorkommissioniert, auf Wagen positioniert und bis zum Arbeitsbeginn im Montagebereich bereitgestellt.

Im Zuge der Umstellung wurden sogenannte Montageinseln gebildet, die aus jeweils vier Tischen bestehen und in denen alle erforderlichen Werkzeuge und Materialien in den Vorratsbehältern des Kanban-Systems zur Verfügung stehen. Innerhalb der Inseln werden die Werkstücke nach dem im Folgenden beschriebenen Prinzip der Fließfertigung montiert.

Optimierung der Montage (Fließfertigung):
Bei der alten, höher arbeitsteiligen Organisation haben die Mitarbeiter nacheinander nur einen oder einige Arbeitsschritte an mehreren Werkstücken nacheinander ausgeführt und diese anschließend bis zum nächsten Arbeitsschritt zwischengelagert.

Nach Umsetzung des Prinzips der „Fließfertigung“ werden jetzt eine oder mehrere Baugruppen von einem Mitarbeiter in einem Durchgang komplett montiert. Dadurch besteht weniger Puffer-, Zwischenlager-, Platz- und Handhabungsbedarf. Um ein Zwischenlagern zu vermeiden wurde außerdem die Zusammenführung verschiedener Baugruppen zeitlich genauer aufeinander abgestimmt.

Optimierung Fertigungslayout:
Die Umsetzung des Fließfertigungsprinzips und die weitere Optimierung des Fertigungslayouts führten zu einer Reduzierung der Transport- und Gehwege im Fertigungsprozess.

Verbesserte Materialbereitstellung:
Vor der Umstellung gab es am Arbeitsplatz nur einen Behälter je Material, der nach Kontrolle durch die Logistik oder auf Zuruf durch die Produktionsmitarbeiter gefüllt wurde.

Das neu eingeführte 2-Behälter-Kanban-System basiert auf einer reinen Verbrauchssteuerung der Materialien. Zu jedem Material werden in der Produktion am Arbeitsplatz zwei Materialboxen zur Verfügung gestellt. Ist eine Box leer wird sie von den Logistikmitarbeitern neu befüllt. In der Zwischenzeit arbeitet die Produktion mit der zweiten Box weiter. So konnten Bestandswerte reduziert werden. Das neue System bietet der Logistik zudem mehr organisatorischen Spielraum bei der Füllung der Behälter und vermindert das Risiko von Engpasssituationen infolge leerer Behälter.

Verkürzung der Zeiten für wertschöpfende Ablaufschritte:
Die Zeiten für wertschöpfende Tätigkeiten wurden durch die Optimierung von Betriebsmitteln verkürzt.

Ein Beispiel hierfür ist die Optimierung einer Spannvorrichtung. Bisher wurde in der Spannvorrichtung ein druckkontaktiertes Halbleiterbauelement mit der geforderten Spannkraft zwischen Kühlkörpern verspannt. Durch Umkonstruktion des Druckstempels können jetzt in einem Arbeitsgang zwei Halbleiterbauelemente gleichzeitig verspannt werden. Hierdurch wurde die Prozesszeit für diesen Prozessschritt annähernd halbiert.

Mithilfe der Kostenrechnung und der Materialflussanalyse wurden Kosten und Prozesszeiten kontrolliert und eine Reduzierung der Materialkosten und der Montagezeiten für den Produktbereich bestätigt.

Eine positive Auswirkung der verkürzten Prozesszeiten ist die Erhöhung der Fertigungskapazität. So konnte mithilfe der erzielten Verbesserungen vermieden werden, dass in Phasen besonders großer Nachfrage zusätzliche Kapazitäten aufgebaut werden müssen.

5.2.5 Fazit

Die vereinbarten Ziele und angestrebten Verbesserungen wurden in vollem Umfang erreicht.

Obwohl die Verbesserungsaktivitäten für den betreffenden Produktbereich nicht der erste Versuch zur Senkung der Herstellkosten war und darüber hinaus die Senkung der Herstellkosten permanent im Fokus aller beteiligten Bereiche und Personen steht, ist es gelungen, weitere – in dieser Form nicht erwartete – Potenziale zu erschließen.

Hierbei haben die klar strukturierten Arbeitsschritte und die Analysewerkzeuge einen wertvollen Beitrag geleistet und die Verbesserungsarbeit vereinfacht.

Unabhängig von den Werkzeugen war für den Erfolg jedoch ebenso entscheidend, dass ein Team kompetenter Mitarbeiter die Möglichkeit hatte, die Aufgabe gemeinsam anzugehen und sich dabei gegenseitig zu ergänzen.

Printed in the United States
By Bookmasters